世界五千年
科技故事叢書

盧嘉錫題

世界五千年科技故事丛书

禹迹茫茫

中国历代治水的故事

丛书主编　管成学　赵骥民

编著　管成学

吉林出版集团｜吉林科学技术出版社

图书在版编目（CIP）数据

禹迹茫茫 : 中国历代治水的故事 / 管成学，赵骥民主编.
-- 长春 : 吉林科学技术出版社，2012.10（2022.1 重印）
ISBN 978-7-5384-6091-9

Ⅰ.①禹… Ⅱ.①管… ②赵… Ⅲ.①水利史－中国－古代－通俗读物 Ⅳ.①TV-092

中国版本图书馆CIP数据核字（2012）第156233号

禹迹茫茫：中国历代治水的故事

主　　编　管成学　赵骥民
出 版 人　宛　霞
选题策划　张瑛琳
责任编辑　潘竞翔
开　　本　640mm×960mm　1 / 16
字　　数　100千字
印　　张　7.5
版　　次　2012年10月第1版
印　　次　2022年1月第4次印刷

出　　版　吉林出版集团
　　　　　吉林科学技术出版社
发　　行　吉林科学技术出版社
地　　址　长春市净月区福祉大路 5788 号
邮　　编　130118
发行部电话 / 传真　0431-81629529　81629530　81629531
　　　　　81629532　81629533　81629534
储运部电话　0431-86059116
编辑部电话　0431-81629518
网　　址　www.jlstp.net
印　　刷　北京一鑫印务有限责任公司

书　　号　ISBN 978-7-5384-6091-9
定　　价　33.00元
如有印装质量问题可寄出版社调换

序　言

十一届全国人大副委员长、中国科学院前院长、两院院士

路甬祥

放眼21世纪，科学技术将以无法想象的速度迅猛发展，知识经济将全面崛起，国际竞争与合作将出现前所未有的激烈和广泛局面。在严峻的挑战面前，中华民族靠什么屹立于世界民族之林？靠人才，靠德、智、体、能、美全面发展的一代新人。今天的中小学生届时将要肩负起民族强盛的历史使命。为此，我们的知识界、出版界都应责无旁贷地多为他们提供丰富的精神养料。现在，一套大型的向广大青少年传播世界科学技术史知识的科普读物《世

界五千年科技故事丛书》出版面世了。

由中国科学院自然科学研究所、清华大学科技史暨古文献研究所、中国中医研究院医史文献研究所和温州师范学院、吉林省科普作家协会的同志们共同撰写的这套丛书，以世界五千年科学技术史为经，以各时代杰出的科技精英的科技创新活动作纬，勾画了世界科技发展的生动图景。作者着力于科学性与可读性相结合，思想性与趣味性相结合，历史性与时代性相结合，通过故事来讲述科学发现的真实历史条件和科学工作的艰苦性。本书中介绍了科学家们独立思考、敢于怀疑、勇于创新、百折不挠、求真务实的科学精神和他们在工作生活中宝贵的协作、友爱、宽容的人文精神。使青少年读者从科学家的故事中感受科学大师们的智慧、科学的思维方法和实验方法，受到有益的思想启迪。从有关人类重大科技活动的故事中，引起对人类社会发展重大问题的密切关注，全面地理解科学，树立正确的科学观，在知识经济时代理智地对待科学、对待社会、对待人生。阅读这套丛书是对课本的很好补充，是进行素质教育的理想读物。

读史使人明智。在历史的长河中，中华民族曾经创造了灿烂的科技文明，明代以前我国的科技一直处于世界领先地位，涌现出张衡、张仲景、祖冲之、僧一行、沈括、郭守敬、李时珍、徐光启、宋应星这样一批具有世界影响的科学家，而在近现代，中国具有世界级影响的科学家并不多，与我们这个有着13亿人口的泱泱大国并不相称，与世界先进科技水平相比较，在总体上我国的科技水平还存在着较大差距。当今世界各国都把科学技术视为推动社会发展的巨大动力，把培养科技创新人才当做提高创新能力的战略方针。我国也不失时机地确立了科技兴国战略，确立了全面实施素质教育，提高全民素质，培养适应21世纪需要的创新人才的战略决策。党的十六大又提出要形成全民学习、终身学习的学习型社会，形成比较完善的科技和文化创新体系。要全面建设小康社会，加快推进社会主义现代化建设，我们需要一代具有创新精神的人才，需要更多更伟大的科学家和工程技术人才。我真诚地希望这套丛书能激发青少年爱祖国、爱科学的热情，树立起献身科技事业的信念，努力拼搏，勇攀高峰，争当新世纪的优秀科技创新人才。

目 录

一、千里黄河显身手/011
——中国古代的治河防洪活动
二、兴修水利除害的历史业绩/050
——中国古代的农田水利工程
三、文明史上的奇迹/088
——中国古代的运河工程
四、久负盛誉的水利技术/108
——中国古代水利机具的发明

一、千里黄河显身手

——中国古代的治河防洪活动

黄河是中华民族的摇篮，我国文化的发源地。几千年来，这条桀骜不驯的大河既为我国的政治、经济和文化的发展做出过巨大的贡献，也给我国人民带来过多次深重的灾难。为了驯服黄河，造福人民，我国古代人民对黄河水灾害进行了长期的艰苦卓绝的抗争，留下了一幕幕史诗般的英雄壮举。

大禹治水的传说

我国的治河传说，一直在民间流传着。在这些传说里，共工、鲧和大禹都曾与黄河洪水进行过顽强的斗争，而以大禹最为有名，他的治水事迹和艰苦卓绝的精神世代流传，成为远古人民征服洪水的象征。

禹姓姒，生活在离现在大约5000多年前，是一个勤劳、勇敢、聪明的人。传说大禹治水走遍了九州，长达万里，疏通了9条大河，时间达10年之久。

相传在上古时代，尧做帝王时，我国曾发生了一次特大洪水。滔天的洪水淹没了广阔的平原，人畜死亡无数，老百姓辛勤开拓出来的家园被洪水荡涤一空。从洪水里逃出来的人们，除了身上穿的外，什么也没有了。无家可归的老百姓，只得扶老携幼，逃往深山老林，穴居野外，与野兽争食，山上能吃的食物都被吃光了。这时，凶残的野兽就出来伤害这些人。到后来，这些人自己也弱肉强食起来。结果，人一天天地减少，野兽一天天地增多。当时，尧帝看到这种极为可怕的情景，心急如焚，想不出好办法来解救人民的苦难，只得召集四岳和群臣商议。尧帝问大家：“如今洪水滔天，浸山灭

陵，老百姓都愁活不下去了，有谁能去治理洪水？”四岳和群臣回答说：“此事可以派鲧去！”尧帝连连摇头说：“鲧素好固执己见，恐怕不能担当治水的大任。”四岳说：“除他之外，再无别人可派了。”尧帝无可奈何地说：“好，那就让他去试试罢。”

鲧被派去治理洪水，一连治了9年，但丝毫没有成效。原因是他骄傲自满，不虚心听取他人的意见，只按照传统的“鄄障”方法去治水。所谓“鄄障”，就是用泥土石块修筑土石堤来阻挡洪水。鲧耗费了无数的人力物力，最终还是阻挡不住洪水。结果，尧帝把他杀死在羽山。不久，舜做了国君，派鲧的儿子禹去治理洪水。

禹是一个宽宏大度，志向远大的人，并未因尧杀了他父亲而怨恨，却以拯救天下黎民百姓为己任。他说：“我若不把洪水治平，怎对得起天下苍生？”为了制服洪水，禹不畏艰苦，身体力行。婚后三日就离家，在外治水13年。他亲自背着行李、农具，冒着狂风暴雨，跑遍全国，到处查看河川，腿上的毛都被磨光了，皮肤也被太阳晒得黑黑的。有三次他路过自己的家门口，河工们劝他回家看看，他都拒绝了。他向河工们说：“如今

洪水未平，万民受苦，我哪能为自己的私事而耽误治水大事呢？”大禹这种公而忘私的精神，深深地感动了河工们。他们都以禹为榜样，忘我地劳动，顽强地跟洪水作斗争。

相传古黄河八弯九曲，至龙门（今陕西韩城和山西河津之间）这个地方，被一座高耸入云的大山正好堵住了去路。奔腾的河水来到这里找不到出路，就四处横溢，为害两岸广大地区。大禹来到这里，决定替黄河找一条出路，于是举斧便劈，一斧将大山劈成了两半。黄河从此有了出口。大禹劈山之后，黄河上出现了一个险要的峡口，两岸悬崖陡壁，河水奔腾而下，浪击石壁，水声如雷，水流犹如从大门涌出，就是再强的艄公，再好的舟筏，也不能由此经过，这就是“龙门”。每年到一定时候，江河湖海的鱼纷纷来此争相跳跃，跳过去的便化龙升天，跳不过去的仍旧为鱼。这个“鲤鱼跳龙门”、“鱼化龙”的神话，就是“龙门”名字的由来。

禹开凿龙门以后，便骑着马沿河察看地势，又发现黄河三门峡（今河南省境内）这个地方有一个静水湖，四周群山环绕，山崖垂直插入湖中，河水盘山绕湖而

过，严重地影响黄河洪水下泄，并且阻塞着航运交通。大禹面对这一障碍，举斧连劈了三下，高山峻岭立即化成三条深谷，黄河水从此欢快地穿过深谷向下游流去。后来，人们便把这三条深谷称作鬼门、神门、人门，三门峡由此而得名。在靠近神门的地方有一小石岛，人们为了歌颂大禹的业绩，将这一小石岛命名为“中流砥柱”。唐朝皇帝李世民还在砥柱石上留有“仰临砥柱，北望龙门，茫茫禹迹，浩浩长春”的诗句。

禹“凿龙门、开砥柱”虽然是神话，但这些神话传说却反映了我国古代劳动人民征服黄河的强烈愿望。关于“龙门”和“三门峡”的成因，并非大禹的“神工鬼斧”开凿而成，据地质学家考证，三门峡原是横在黄河上的一块完整的岩盘，经黄河水长年累月的冲击，逐渐冲开缺口而形成分割的小岛。历代把三门峡的形成记在大禹的账上，这只不过是人们对传说中的治水神圣人物大禹的崇敬而已。

禹治水不但忠于职守，兢兢业业，顽强不息，而且很讲究方法。他吸取了父亲失败的教训，有事就同大家商量，广泛听取众人的意见，集中大家的智慧和力量。

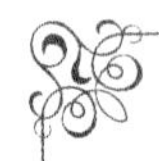

他把“壅障”的方法改为“疏导”，顺水之性，因势利导，结果疏导的方法成功了。滔滔的洪水，终于在大禹的疏导下，顺畅地注入了大海。洪水退去后，大地上又重新出现了欣欣向荣的景象，人们也从丘陵高地搬回肥沃的平原上来居住和生产。大禹治水成功，得到了百姓的爱戴和舜的信任，四方酋长对禹更是钦佩。舜年纪大了，就把帝位禅让给了禹，这样，他就成了夏的开国君主。

大禹治水的传说流传十分广泛，以致渐渐演变成了神话。黄河上下，大江南北，几乎都有大禹的“神工”。例如，在长江流域就有大禹斩龙的神话：相传大禹治理了黄河之后，便来到了长江巫峡（今湖北省境内）。禹见这个地方高峡深邃，江面狭窄，江水来到这里严重地受着地形的束缚，禹就派遣了一群龙在这里引水路，有一条龙没有按规定，错行了水路，开凿了一道不必要的峡谷。禹很生气，就把这条龙斩杀在一座山岩上，用来警诫其他的龙：直到现在，巫山境内还有错开峡、斩龙台这样的古迹。至今游人途经三峡，饱览三峡风光时，还遐想着大禹治水的美丽传说。

传说大禹治水还到过淮河流域。在淮河发源地桐柏山（今河南省境内），住着一只名叫无支祈的怪兽，它蛇头猴身，力大无比，经常在河里兴风作浪，闹得沿河两岸百姓经常遭受洪水侵扰。大禹发现了这个作恶多端的怪物，决定降伏它，为民除害。大禹跟它搏斗了多个回合仍没有取胜，后来在天神的帮助下，捉住了无支祈，并且用铁链拴住它的脖子，把它从淮河发源地牵到淮河入海口附近，镇压在龟山（今江苏省境内）脚下。从此以后，淮河平静了许多年。人们为了不忘大禹的功绩，便在桐柏山和龟山脚下盖了两座禹王庙。如今在庙中还可以见到“雕梁画栋碧玉墙，飞琉檐角八宝镶，朱红圆柱描龙凤，金打兽环放光芒”的诗句。

王景治河

王景，字仲通，邯县（今河北省邯郸县）人，是我国东汉时期一位功勋卓著的水利专家。王景自幼受父亲教育，非常聪明好学。有一次，朝廷内一个专管气象天文的司空，当场考他的记忆力，见他过目不忘，惊叹不已。据史书记载，他“广窥众书，又好天文术数之事，沈深多技艺”。他特别关心水利工程建设。有一年，浚

仪（今开封）附近一段渠道被黄河水冲毁，威胁农业生产，朝廷下令修复。当时，朝廷根据司空建议派王景、王吴共修浚仪渠。王景建议王吴用“堙流法”，终于很快修好浚仪渠，而且以后一直没有再受害，深受群众的赞扬。

汉明帝时，黄河及汴渠决坏，未能及时修建。永平十年（67）时，阳武县令张汜上书皇帝，说河流决口日久，几十个县受灾，现在应赶快修建，以安百姓。皇帝觉得有道理，准备发民工治河。可是这时浚仪县令乐俊又上书皇帝，说老百姓已沿河垦殖安居，现地多人少，虽未修理但影响不大，而且兵乱刚止，人民要求平静安居，希望不要劳民伤财。皇帝听后也觉得有理，又决定不治了。后来汴渠东浸，衮豫地区百姓受害很严重，齐声怨叹。他们认为是县官不顾人民死活，搞得皇帝左右为难。

公元69年，即永平十二年，明帝刘庄召集文武大臣议论修渠之事，结果仍各持己见，讨论了半天也拿不出一个好方案。这时，他想到，听说王景在水利方面很有研究，何不听听他的意见呢？随后派人把王景招来。王

景叩见之后，明帝立即对他说：“听说你善治水，现在对汴渠水患，有人主张速治，有人主张应缓，你的意见如何？”王景说：“皇上都城在洛阳，东方的漕运全靠汴渠，现在汴渠溃决，漕运受损失，对朝廷影响很大。再说，现在百姓受灾，怨声载道，不修也难安民心，因此修为上策。”

明帝又问道：“依你之见，到底该怎样治理？”

王景说道：“河为汴害的根源，汴为河害的表现，河、汴分流，那运道就没有祸患，河、汴兼治，才能成功。”

明帝听了觉得很有道理，又问了他许多关于黄河治理的问题，王景皆应答如流。明帝非常高兴，又想到他修浚仪渠有功，当即重赏了他，并赐给他《山海经》、《河渠书》、《禹贡图》以及大批钱帛衣物，还命他主持治河工程。王景也非常高兴，心想自己可以在黄河上大显身手了，便再三谢恩领命而去。

永平十二年（69）夏天，王景和王吴等人一道，受汉明帝派遣，率领数十万民工，在河南“自荥阳至千乘海口”的500多千米的地段上，开始了声势浩大的治河工

程。

据《后汉书·明帝纪》记载，在王景精心组织下，这次治河的主要工作有：“筑堤，理渠，绝水，立门，河、汴分流，复其旧道。”首先是筑堤，“筑堤自荥阳东至千乘海口千余里”，即修筑了系统的千里黄河大堤，从而固定了黄河改道后的河床。王景当时仔细分析了黄河泛滥加剧的重要原因是下游河道明显成了地上悬河，如让黄河维持现状，地上悬河随时都有溃决的可能。他经过仔细研究，最后选了一条比较合理的新的入海路线，在两岸修建了千里大堤。

这条新的入海路线，距离比原来缩短了，河床加宽了，是最近的行泄路线。这样，河水的流速和冲沙能力相应提高。特别是这条新路线，使黄河主流入了地，改变了地上悬河的状态，减少了溃决可能性。同时，王景总结了前人的经验，在黄河上设计了缕堤和遥堤，即在主流两侧建一内堤约束主流，缕堤上开了一系列水门。遥堤就是两岸大堤，缕堤和遥堤之间是一片开阔地。缕（内）堤约束水流，加大了流速，提高了水流的冲沙能力，洪水来后，从缕堤水门进入两堤之间的空地，并

暂时容蓄其间，遥堤防止水涨出堤。这样布置，几年之后，新河床被刷深了，大汛来时，洪水连缕堤也未溢过。

其次是“理渠”，即整修了汴渠。治汴时，王景做了大量工作，“凿山阜，破砥绩，直截沟涧，防遏冲要，疏决雍积”。也就是说，王景经过调查研究，首先开凿了汴渠新引水口。因黄河主流经常摆动，有时引水门在悬河中，无法引水。王景想，干脆多建一些水门，随你怎么变，我都可以引水，于是创造了“十里立一水门，令更相洄注”的办法，采用多水口引水，解决了多沙河的引水问题，在水利技术上是一个重要贡献。另外就是清理渠道中的险滩暗礁，堵塞汴渠附近沟涧，加强了险工段的防护，将淤积不畅的渠道上游段加以疏浚。关于“十里立一水门”，争议很多，有的说是缕堤上“十里开一水门”；也有人认为因河、渠并行，在汴渠左岸“十里立一水门”，黄河水涨时，依次进入河渠两堤之间，先行沉积，然后清水入渠，或清水再流入黄河，加大冲沙力；也有人认为是多水口引水，水门之间相距十里等等。但是无论哪种说法，都是说要从黄河引

水，达到分流、分沙的目的。

根据资料分析，荥阳以下黄河有很多支流，主要有济水、濮水、汴水等。王景将这些支流互相沟通，在黄河引水口和支流相通处设立一系列水门，“令更相洄注”，人工控制。这样，洪水一来，支流就起到分流、分沙的作用，大大削减了洪峰。同时，分洪后主流虽然减少了冲沙能力，但支流分走了大量泥沙，从总体上看，减慢了河床淤积的速度，减慢了河口延伸的速度，特别是大量泥沙在支流两岸滞洪区大面积沉积，大大减缓了河床相对两岸的上升速度，防止黄河很快变成地上悬河。这些都是促进黄河长期安流的重要措施。

筑堤，理渠，十里立一水门，就是“绝水、立门”，达到了“河、汴分流，复其旧道”的目的，在人工控制黄河方面前进了一大步。

修筑从荥阳东至千里黄河大堤，修筑了渠系，其工程量是十分浩大的。但由于王景在治理工程中，善于从实际出发，尽量利用原有旧的沟渠堤埝，把百姓防洪自围的民埝尽量连贯起来，所以仅用一年时间就完成了这项规模浩大的工程。在当时生产力还十分低下的情况

下，这不能不算是一个奇迹。

永平十三年夏，滔滔黄河之水按王景设计的河道驯服地流入大海。汴渠也整治一新，平整顺畅。黄河、汴渠并行前进，中间筑长堤间隔，汴渠主流行北济河故道，另一部分向东南直达泗水。主流至长寿津，流入黄河（王莽河道），以后又与黄河相分并行，直至千乘入海，十分雄伟壮观。当时，汉明帝非常高兴，亲自召见王景和王吴等人，给予嘉奖，并叫他们陪自己沿河巡视。王景等人看到自己一年的辛劳变成了果实，也非常高兴，陪着皇帝乘船沿渠东下。出巡这一天，天气晴朗，皇帝乘着彩船顺流东下，两岸马队护送，直至无盐（今东平县）。沿途百姓都盛赞王景功绩，知道王景陪圣驾出巡，都赶到堤上观看。只见船上彩旗招展，船头甲板上的大金罗伞下坐着汉明帝刘庄，两岸人山人海，有拉纤的，有烧香放爆竹的，吹吹打打，非常热闹。皇帝见此盛况更加高兴，立即给王吴及下属官员每人加官一级，赏赐钱帛财物，特别给王景连升三级，封他为侍御史，还给黄河、汴渠沿河各县下了诏书，命令设置专管堤防维修的机构和专业人员，恢复过去一些有利于维

护堤防的管理制度，常年维修。这也为黄河安流提供了保证。

王景是历史上一位出色的水利专家。他的治河业绩和创造的经验，为历代治河水利所尊崇和效法。东汉至唐末的800多年间，黄河基本上处于相对安流状况。800多年中，仅有40个年份有决溢记载，这在黄河史上确是个奇迹。这种现象固然是多种因素相互作用造成的，包括气候变化、植被状况、行水路线等因素都可能对黄河安流起到不容忽视的作用，但东汉王景治河的功绩无疑也是黄河安流的一个重要因素。所以，千百年来，人们盛赞：王景治河传千古，黄水安流八百年。

贾鲁治河

元王朝顺帝初年，因朝政腐败，黄河堤多年失修，经常决口。至正四年（1344）四月，黄河在曹县白茅溃决，洪灾达7年之久，灾害不仅给百姓带来深重苦难，同时也危及到朝廷钱财供给的生命线——会通河及两槽盐场。但因河患难治，满朝文武都没有人愿意为此效力，顺帝十分焦急。这时，有人推荐贾鲁，说他才识过人，且熟悉水利工作。顺帝非常高兴，立即任命贾鲁负责治

河工作。

贾鲁，山西高平人，是一个才能出众的汉族官员。他从小就很有志气，学习非常勤奋，长大以后，无论做什么事情都很认真细心。他肯动脑筋，具有真知灼见，受元朝统治者赏识。他自25岁那年考取乡贡起，到跟随脱脱带兵出征从马上摔下来逝世为止，在元朝做官32年，先后8次升迁。堵口前为工部侍郎，堵口中为工部尚书，堵口后官拜荣禄大夫、集贤大学士。

他被派去治河后，首先注意调查研究，摸清水患，经过废寝忘食地工作，终于提出了切实可行的治水方案，并画出图样上奏朝廷。

至正十一年（1351），元顺帝采纳了贾鲁的治河主张，任命贾鲁为工部尚书兼总治河防使，进二品，授以银印，全面领导治河工作。贾鲁受命后，率20万治河民工进入白茅决口附近现场。当年4月正式动工，昼夜不歇，到7月完成故道疏浚工程，8月放水入故道，并立即组织决口冲开的白茅河截流工作。此时正值黄河汛期，截流十分艰难。贾鲁深谋远虑，堵口之前，便采取了几项重大的技术措施去调动黄河主流。这就是：首先疏浚

故道上下流，使其深快，以便堵口合龙时主流逐渐回归正道，使白茅决河从主流的位置随着合龙口逐渐收缩而变为一般的分流口；其次是堵塞决口上流的弯道，来一个裁弯取直，把原来的主流直向白茅口冲击改变为与决河原来的流向相垂直，从而大大减少了白茅决河合龙时的水势；再次，在决口上游采取石船堤障水，将主流进一步排开，直冲已经疏浚的故道，既进一步降低合龙口的水流来势，又加大故道的冲刷能力，真是一举两得，在技术上非常有创见。

“石船堤”障水，是贾鲁创造的一项重大技术。据《至正河防记》记载，“石船堤”是一种用船只装石，然后沉入河底，使石船连成一体作排水堤。当时用了27只大船，分成3排，每排9只，排列成长方形，前后左右用缆绳、大桅杆、长篙等物将船连成一体，待装满大石后同时沉下。沉船后再加大铁锚固定在河底，使石船堤不致因受猛烈的主流冲击而动摇。

石船堤施工就绪之后，又在它的后面加筑3道草埽堤，与船堤连成一个整体，使整个排水堤前有石船顶冲，后有埽堤挡溜，这就迫使主流能听从贾鲁事先的安

排，往故道流去。

贾鲁在治河活动中，吸收了前人治水的经验，并结合当时当地的实际情况，巧妙安排，各项工程井然有序。贾鲁采取以上几项重大技术措施，果然取得了当时难以想象的汛期截流成功，到11月，白茅河决口终于合龙，黄河主流全部回归故道，消除了历时7年的白茅决溢的灾害。

贾鲁此次治河，动用军民人力20万，工期190天，相当于开凿会通河和通惠河用工总量的3倍以上。此役共疏凿故河140千米，堵塞大小决口107处，总长共约1.5千米，修筑堤防共长385千米，其工程之浩大，为以前治河史上所未见。

工程结束后，顺帝听了也感到惊奇。贾鲁怕皇帝不相信，阻碍收尾工程的进行，就把治河的办法画成一张图献上去。皇帝看了十分高兴，封贾鲁为荣禄大夫、集贤大学士，并命令翰林学士欧阳玄等制“平河碑”记述贾鲁的功绩。为了纪念贾鲁的功绩，后人还将河南境内原属宋代人开凿的一段河道命名为贾鲁河，使贾鲁的名字永远铭刻在祖国的江河大地上。

潘季驯治河

“去国之臣，心犹在河”。这是明代杰出的治河专家潘季驯72岁时所说的一句感人肺腑的话，也是他的事业精神的真实写照。

潘季驯自45岁首任总理河道工作，到72岁辞去职务，前后4次出任总理河道职务。

明嘉靖四十四年（1565），黄河在萧县处决溢，分成南北两大股，北股又散为13股，水势直迫明王朝赖以维持统治的经济大动脉——大运河，河道淤塞100余千米。这次河患是明朝开国以来最严重的一次。明世宗急忙命工部尚书兼总理河漕朱衡为这次治河的总负责人，潘季驯为副，督导治河。此役征调民工9万，共开新河70千米，复旧河26.5千米，修筑大堤9万多米，石堤15千米。当这次治河即将竣工之时，黄河突发大水，冲开了新修的大堤，河水漫入沛县。当时，一些朝臣借故纷纷弹劾朱、潘两人。明世宗皇帝也很焦急。但是，在潘季驯的督导下，决口很快被堵塞，治河一举功成。当朱衡和潘季驯回到京城后，世宗非常高兴，立即嘉奖了两位河总。潘季驯晋升为右副都御史。第二年，因为母亲病

逝，潘季驯辞职守孝。

隆庆三年至四年（1569—1570），黄河先后在沛县、睢宁等地多次决口，运道50多千米淤为平陆。明王朝统治集团惊慌失措，于是，又起用潘季驯总理河道兼提督军务。潘季驯上任后，亲自督率民工5万，沿河筑缕堤9万余米，堵塞决口11次，疏浚了匙头湾以下淤河并恢复了旧堤，河水受束，急行正河，冲刷淤沙，使河道深广如前，漕运大为畅通。但是，潘季驯在这次任职期间，因坚决反对一些不切实际、有害于治河工作的错误主张，得罪了一些有权势的人。这些人便向朝廷进谗言，诬告潘季驯。昏庸的皇帝竟以这些谗言为口实，撤销了潘季驯治河的职务。

潘季驯被撤职后，黄河和淮河又同时决溢，以致黄淮交汇处的清口淤塞，淮河南徙，灾情十分严重。朝廷无计可施，遂于万历六年（1578）第三次起用潘季驯，并提升他为都察院右都御史兼工部侍郎，总理河漕提督军务。潘季驯上任后，作了一个全面的治河规划，经朝廷通过后，从万历六年开始到万历八年结束，历时两年，大规模治理黄河、淮河。他首先在黄河两岸大筑遥

堤。北岸自徐州至清河县城筑遥堤45200余米，南岸自徐州至宿迁县筑遥堤共655余米，防止河水漫溢；然后又修筑归仁大堤9800多米，遏止黄河南侵入淮河；又在洪泽湖筑高家堰，以便蓄清刷黄。还在清江浦等处筑起4道减水坝。经过这次大治之后，黄、淮河水归入正道。黄河上下千里，束水攻沙，使黄、淮之水畅流宣泄入海。可是，当河患稍告平静的时候，明王朝先将潘季驯调离河总职务，随后，又以“党庇张居正”的罪名将他削职为民。

潘季驯离任后，朝廷河务松懈，河工废弛，连管理河道的官职也不再设立了。几年之后，黄河又多处决口成灾。朝廷责令安抚使臣和地方官吏分区治理，但都无济于事。眼见河患威胁越来越大，许多文武大臣纷纷上表推举潘季驯出任河总。于是，明神宗于万历十六年（1588）第四次召回潘季驯到朝廷担任总理河漕职务。为了将治河事务全面委托潘季驯负责，朝廷还特意恢复总督河道专官。潘季驯被任命为右都御史兼总理河道。潘季驯复职后，又在黄河两岸大筑遥堤、缕堤、月堤、格堤，共长1060多千米，并修筑太行堤、邵家坝、长樊

大堤、安东大堤等多处堤防工程，还修建堰闸24座，土石月堤护坝51处，堵塞决口和疏浚淤河超过9万米。这次治河又取得了很大成绩。潘季驯因功晋升为太子太保工部尚书兼右都御史。潘季驯这次在任，因积劳成疾，且年逾七十，于万历二十年（1592）离任。

潘季驯在4次出任总理河道的岁月里，经常沿着黄、淮、运河奔走踏勘，沿途遍访众人。每次重大工役，他都亲临工地督导。

在他第二次出任河总的时候，他住在睢宁一段黄河正道疏工地上，每天都到河心检查开挖深度。在这次浚河工程即将结束时，一场风雨即将到来，潘季驯异常焦虑，便乘一叶小舟驶向河心考察水情。刚到河心，便刮起一阵狂风，小舟在浪涛中上下飘忽，不能操纵，随时都有沉没的危险，岸上的人都十分焦急不安，为潘季驯和老船工的安危担心。因风雨太大，人们无法去救护，幸好小船被一棵大树挂着不动，潘季驯和老船工才免于罹难。

潘季驯脱险后，因紧张过度和风吹雨淋，背上疽疮发作，病倒了。就在这个时候，风雨连日未停，河水

猛涨，新堤、旧堤都出现多处险情。此时，一些贪生怕死的官吏又带头逃走，使人心动摇。眼看着治河工程有前功尽弃的危险，潘季驯心急如焚，他忍着剧痛，冒着风雨在堤上督工。民工们深受感动，都争先恐后上堤抢险。当大水漫过堤顶，淹没了潘季驯的双脚的时候，民工们劝他离开，但是潘季驯不顾个人安危，仍然同民工一道奋力抢险，终于取得了这次治河的胜利。

万历十八年（1590）冬，潘季驯已经是古稀老人了，但他仍然经常出现在堤防工地上，有时候还拿起铁锹和民工一道挖土筑堤。有一次在凛冽的寒风中，他因操劳过度，一口殷红的血喷在耀眼的白雪中。民工们看到这位朝廷名臣竟然抛弃他晚年可以享受的荣华富贵和天伦之乐，为治黄河事业呕心沥血，对他倍加崇敬。

潘季驯不仅在治河的事业中表现出了崇高的精神品格，同时，他的治河方略和理论，为以后300年的治河专家所遵循，直到今天仍有借鉴的价值。

潘季驯对我国历代治河经验和理论进行了悉心研究，并对黄河现状作了深入的调查。他深刻地认识到，黄河水患的症结在于沙，因此，治河必须着眼于黄河的

泥沙。他认为，黄河水流浑浊，挟带大量泥沙，如果水流稍为缓慢，泥沙就会沉下淤塞，使河床变浅，洪水一到，就势必造成决溢泛滥。所以，他坚决反对多开支河分导水势的主张，认为对一般的河流可以分支疏导，对黄河则不行，因为一经分流，水势必然缓慢，缓慢便会淤积；如果支河开了又淤，淤了又另开新河，结果会造成黄河下游越淤越高，以致无法收拾。他针对黄河多沙的特点，结合自身实践的丰富经验，提出了“以堤束水，以水攻沙”的著名理论，认为这是“借水攻沙，以水治水”的根本办法。

所谓“以堤束水，以水攻沙”，就是在黄河两岸修筑坚固的堤防，堵塞一切决口和分支，使黄河河水不旁溢，全流于正河，正河必然水急势猛，冲刷泥沙，冲深河底，加大黄河正河的泄水能力，以减少洪水决溢的次数。

潘季驯主张使黄、淮合流，进一步加大黄河水势，提高冲刷能力。当时有人反对说，往日黄河与淮河分流，水势稍涨，尚且不断决口，现在两河合流，岂不是水还未涨就要决溢了吗？潘季驯回答说，这种看法只看

到决溢的现象，而不知决溢的原因在于沙积，如果把淮河引开，表面看好像减少了威胁，但两河水势都减缓，因而都加快了淤积。即使黄河不决溢，淮河决溢也势必将清口淤塞，不仅阻碍漕运，还会导致黄河也同时决溢。要是黄河、淮河相合，则治淮河就必须同时治黄河，也等于同时治运河，这是一举数得的事。潘季驯在反驳反对者的论战中，说服了朝廷，终于实现了黄河、淮河合流的主张。

潘季驯在实施黄、淮合流的工程中，还特别针对黄强淮弱的具体情况，采取有力措施防止黄河水倒灌塞淮河水道的问题。他的办法是在徐州筑长樊大坝，以分减黄河暴涨的洪水；在黄、淮合流的河道上筑崔镇四坝，以分减两河同时暴涨的洪水；筑归仁堤，以防黄河水冲入淮河。尤其重要的是，沿洪泽湖加筑高家堰，提高淮河安全水位，以利“束清刷黄”，使两河并力入海。在以上这些工程完成之后，他于万历十九年（1591）冬，亲自到海口查勘，看到海口的确畅流无阻。

潘季驯4次出任总理河道，先后达27年，把全部精力用在了治河事业上。用他的话来说：“壮于斯，老于

斯，朝于斯，暮于斯。”他对我国治理黄河的工作作出了重要的贡献，积累了宝贵的经验。

陈潢治河

清朝康熙年间，黄河水患频繁，一到汛期，便多处决口。滔滔黄河水如猛兽，冲决堤防，淹没农田，吞食村庄，使千百万百姓葬身鱼腹，无数财产化为乌有，黄河下游几成泽国，满目尽是凄凉景象。人们迫切要求治理黄河，多少志士要为治理黄河献身，陈潢就是其中出色的一员。

陈潢，字天一，浙江钱塘人，清代康熙年间著名的水利专家。他博学多闻，尤其是对治河的方略和水利理论造诣很深。黄河连年泛滥成灾，激发了他治理黄河水患的强烈愿望。有一年，他为了考察黄河现状，变卖了自己的家产作盘缠，乘船沿运河北上，直到黄河。以后又沿黄河上行查勘。一路上，他查水势，察民情，访百姓，直至宁夏的黄河河套地区。因黄河中游两岸的树木砍伐殆尽，加之土质松散，水土流失十分严重。再加上下游堤防千疮百孔，无人兴修，以致连年泛滥，土地荒芜。严峻的现实，使他忧心如焚。

归家的路上，经过邯郸的吕祖祠，陈潢想到奔腾东去的黄河，浮想联翩，感慨万端，便要来笔墨砚台，满怀激情地在墙壁上题了一首诗，抒发自己的悲愤之情。诗的大意是，滔滔的黄河水啊凶狂不羁，翻滚着人民的血泪，满腔悲愤啊仰问苍天，为何我胸怀经纶无用武之地？写完之后，长叹一声，继续上路。

陈潢刚离开不久，安徽巡抚靳辅赴任路过邯郸，到吕祖祠游玩。他来到祠内，看到壁上诗句，字迹潇洒苍劲，语句豪迈奔放，非常惊异，心想诗人定是个才华横溢之士。他连忙询问祠内游人，都说是刚才一位书生留笔。在打听清楚此人相貌和去向之后，他立刻派亲兵前去追寻。

陈潢随亲兵来到靳辅住地，行了进见之礼。靳辅见他举止潇洒，落落大方，十分高兴，连忙请他坐下，命人送上酒菜。两人边饮边谈，越谈越投机。靳辅高兴地说：

“喜读先生大作，非常钦佩！”

“岂敢，岂敢，”陈潢连忙说，“大人盛名，如雷贯耳，今日见大人，实为晚生有幸。”

“想必先生对治河颇有研究？”

“这是晚生终生的愿望，我阅览古今治河论著，研究历代治黄河方略，感到人定胜天，事在人为，只要认真治理，黄河总是可以驯服的。可惜……”

“可惜先生才华出众，竟无用武之地，如你不嫌，权且在我身边当一名幕客，他日有了功绩再奏皇上，也为朝廷任事，以了你平生之愿，如何？”

陈潢见靳辅对自己以礼相待，甚为感激，心想家庭又无牵挂，就决定随靳辅往安徽赴任。这样，陈潢便做了靳辅的幕客。

康熙十六年（1677），黄河灾患给清王朝政治经济带来了严重影响，漕运受阻，每年损失大批钱粮，且饥民遍野。很多地方百姓无法生活，便打起造反的旗帜，威胁着清政府的统治。康熙皇帝不得不下决心治理黄河。于是他任命靳辅为“河道总督”，令他即日上任，堵口治河。

治河，在当时来说，还是十分危险的差事，搞得不好就会被当做“替罪羊”，赔上性命。许多文武大臣都谈洪色变，视之为畏途。靳辅觉得自己对治河研究不

多，也很怕搞不好丢掉顶戴花翎，坐卧不安。陈潢知道后却非常高兴，认为这是自己大显身手的好机会，便竭力劝靳辅大胆受任。陈潢说：“治理黄河，为国为民，上合圣意，下得民心，是件大好事情。况自大禹之后，历代为河事建功立业者所在多有，他们创立了许多成熟经验，只要细心体察，大可为我所用。”他表示要尽全力协助搞好治河。但靳辅仍有顾虑。陈潢又详细讲述了古今的治河方略，使靳辅口服心服，坚定了治河的信心。

在治河工地上，陈潢倾注了满腔热情。他起早贪黑，亲临工地，察水势，督工程，不辞劳苦，细心筹划，想出许多办法。

他对明朝水利专家潘季驯的水利理论与实践有很深的研究，并作了重大发展。按照潘季驯的理论，黄河入海口，河面宽阔，流速降低，会加快淤积，海口应尽量缩小，因此海口堵塞了，也不敢加宽。陈潢经过调查研究，认为海口不能疏浚的说法是不对的，海口狭小会阻碍洪水宣泄，使全河流速减缓，加速淤积，影响上游安全。于是亲自主持了海口疏浚工程，结果使海口大开，

黄河复道，出现了畅通局面。

他对水流特性也有很深的研究。有一年汛期，黄河在淮安以南真武庙附近决口，特大洪水破堤而出，其势迅猛异常。靳辅听了很惊慌，立即前来察看，下令组织堵口。这时陈潢却不慌不忙地说："当前最要紧的是先开下游河道，引水入海，这里不必管它，过几天它会自行堵塞的。"大家半信半疑，加上当时决口太大，一时无法堵住，只好作罢。结果没过几天，决口真的自行堵塞了。大家无不惊讶佩服，纷纷前来询问是何道理。陈潢笑着说："这很简单，水往低处流，而真武庙外有许多高岗土丘，水一下子流不出去，等水势一弱，此水又会流回来，这样流速一减，黄河水带来的大量泥沙就会很快淤积，等水势再减，决口当然会淤塞起来。"大家听了，都非常钦佩陈潢的才智。

不久，黄河北岸在杨家庄又决口了，其势更猛。陈潢察看水势，看到此口不堵，可能促使黄河改道向北，更难驾驭，必须抓紧时间堵塞。由于决口水势迅猛，直接堵口无法进行。他想起潘季驯曾设减水坝分泄暴涨的洪水入海，便采取了分而治之的办法。于是，他从下游

人手，疏浚淮河入海口，借淮河水力冲刷黄河下游淤积的河道。然后又在决口上游开一引河，把河水引入故道，以减小决口处的水势。接着在决口旁边，用秸秆、土石等制作一个几十米长的巨埽，组织几百民工，齐心协力将巨埽投入决口中。可是，因为水势过大，没有成功，埽被冲走，一名优秀水工也不幸被洪水卷走。但陈潢没有灰心动摇，仍站在黄河岸上，望着出槽的河水，想着堵口的办法。他想，采用上引下泄，以减水势，应该可行。于是又设计在上游增开引河，进一步减小水势。最后，在水势较小的时候，亲自指挥用巨埽一举堵住了决口。这不但消除了这次水患，也为后人守险提供了新的经验。

为了更好地筑堤束水，陈潢还首先提出并运用断面测水法，用船测出水断面和流速，算出过水流量，从而判断攻沙效果。这一创造，使研究水流特性有一个重要的数量指标，在我国水利科学发展史上也是一项重要贡献。

经过几年的努力，陈潢设计和主持了数以百计的工程，特别是大筑黄河两岸的堤防，南岸自白洋河上抵徐

州，北岸自清河县上抵徐州，束水攻沙，又筑高家堰大堤，接筑周桥以南至翟坝堤防18千米，蓄清刷黄，还率民工堵塞了黄、淮诸决口，疏通了河道，排除了积水，使黄河回归故道，两岸州县民田皆可耕种，出现了一片丰收景象。

但陈潢清楚地知道，黄河如不采取根本措施，终究还会为害。于是他建议靳辅上奏皇帝，恳请另开新河，并总结历代治理黄河的经验，提出了根治黄河的初步设想。可是，陈潢的设想并没有被采纳。结果，第二年汛期，黄河又在肖家渡一带决口，大片丰收在望的庄稼一夜之间被洪水所吞没。康熙皇帝老羞成怒，把决河的责任都推到靳辅身上，骂他失职，革去顶戴花翎，要严加惩办，后经同僚多方说情，才改命他“戴罪督修”。这时，陈潢奋不顾身，带领民工很快堵塞了决口，使黄河复归故道，畅通直下，康熙才免了靳辅的罪。

康熙二十三年（1684）秋，皇帝南巡黄河，看到北岸很多治黄工程，以及大片农田重新被耕耘的可喜景象，非常高兴，立即召靳辅到行宫，对他夸奖一番，并亲笔写了《阅河堤诗》赐给靳辅。靳辅连连谢恩。康熙

又问靳辅：“谁是你的助手？”

“陈潢，”靳辅连忙启奏，“陈潢谙热河事，并有宏大抱负，在我手下一直不辞劳苦，功绩卓著，望圣上奖励。”

“好吧。”康熙随手挥笔授予陈潢“佥事官”衔（地方小官，这是很不公平的）。

陈潢兢兢业业，协助靳辅治理黄河长达十年之久（1678—1688）。在长期实践中，他为治理黄河做出了重要贡献，也积累了丰富的治河经验。他以靳辅的名义编著了《治河方略》、《河防述言》等12篇专文，在治理黄河的历史上写下了光辉的一页。

郭大昌治河

郭大昌是清代乾、嘉年间黄河上一位有名的水利专家。他与黄河斗争了一辈子，也同贪官污吏进行了长期的斗争。民间至今还流传着他的动人故事。

郭大昌出生于江苏山阳（今淮安）的普通农家。16岁的时候到河工上当了一名叫“贴书”（帮写）的小职员，相当于现在的工程材料员。他刻苦学习，认真实践，不到3年的时间，就熟悉了工程计算与财会业务，并

且超过了师傅的水平。他一生不善文辞，秉性刚直，做事认真，曾遭到河官的排斥、打击，一直得不到重用。当时专管治理黄河的南河总督吴嗣爵，贪污成性，不学无术，却又非常傲慢。有一次他把郭大昌叫去，要他谈谈堵口抢险的事。郭大昌不愿和他详谈。吴见他如此怠慢自己，非常生气，就说道："都传你技术高超，原来是言过其实。"郭大昌从来不吃这一套，就说："大人只知升官发财，哪管窗外风雨。"吴嗣爵骂道："你敢如此放肆，给我滚！"郭大昌说："好，走就走。"他辞去职务，到清江浦（今江苏淮阴）五圣庙租了一所房子，在此种起地来。

可是时隔不久，乾隆三十九年（1774）的一个晚上，黄河上狂风暴雨，掀起巨浪，南岸老坝口险工段决口。一夜之间，堤岸决口375米宽，冲出的跌水塘深达15米。奔腾的黄河水像脱缰的野马向南直冲，冲开运河闸门，进入运河。运河两岸的淮安、高邮、宝应、扬州四县均被淹没，居民有的爬上屋顶，有的被水卷走，无数人畜、田园化为乌有，惨不忍睹。当时，山东的王伦正领导饥民造反，势力很大，离此不过几百里。乾隆皇

帝知道堤岸决口后，怕灾区扩大，受王伦造反影响，发展下去不可收拾，于是，下令吴嗣爵限期堵好决口，否则就要严惩。吴嗣爵吓得魂不附体，吃不下饭，睡不好觉。他手下一个小官给他献计说：“大人何不去请教郭大昌。”吴嗣爵说：“是啊，我也想到过他，可我羞辱过他，怎好再去求他？”手下人说：“郭大昌是个直性子人，吃软不吃硬，大人亲自上门赔罪，用三顾茅庐的办法，讲其利害，他一定会出来干的。”吴嗣爵只好硬着头皮去请郭大昌。

一天上午，吴嗣爵乘轿来到五圣庙，没见到郭大昌，便坐在郭大昌家静等，一直等到下午，才见郭大昌回家。吴嗣爵马上起身相迎，脸上堆着笑，再三赔不是，说：“上次一时急躁，实在对不起。今天亲自登门谢罪，请你别见怪。”

郭大昌说：“小人乃一愚夫，怎敢有劳大驾，大人有何吩咐，就快点讲吧！”

吴嗣爵马上说：“现在黄河决口，圣上下令给银50万两，限50日堵好决口，请你体念圣上之忧，为民治水，为圣上效力。”

“小人才疏学浅，实在不能从命，请大人另请高明吧。”郭大昌说着站了起来。

吴嗣爵见状急了，马上抢着说：“我知道你有办法，现在圣上有命，同时四个县的百姓正在水深火热之中，请你一定担起这副担子。”

郭大昌听他这么一说，想到无数百姓正在遭难，拖一天百姓就多遭一天罪，感到应该承担下来，正在迟疑，吴嗣爵接着说：

“决口虽大，但50万银两不算少，50天也不算短，过此时间堵不成，圣上怪罪下来怕担当不起。”

郭大昌想了想说：“那好吧，要我堵决口，只要银10万两，期限20天就够了。”

“什么？什么？”吴嗣爵简直不相信自己的耳朵，连忙说，“10万两，20天，那不可能吧？”

“我说到做到。”郭大昌认真地说，“但我有一个条件，就是不许你们的治河官吏参加，一切要听我指挥，否则我立即辞职不干。”

吴嗣爵听了这番话，面红耳赤，但转念一想，还是忍着好，便说道：“那好，那好，一言为定。”

就这样，郭大昌承担了堵口任务。在他的精心组织下，仅用了时间20天，银10万2千两就堵住了决口，使黄河水复回故道，创造了堵口的奇迹。郭大昌用自己的聪明才智，揭露和鞭挞了封建官吏的腐败无能和丑恶嘴脸。吴嗣爵想借堵口大发一笔横财的美梦也破灭了。郭大昌大长了劳动人民的志气，黄河两岸人民齐声称颂郭大昌“真是个智勇双全的老坝工”。

嘉庆元年（1796），郭大昌已50多岁，却还战斗在黄河岸边。这一年，黄河又在河南丰县决口。当时，地方主管官员预算堵口要银120万两。这时的河督叫兰第锡，他也认为钱要得太多，怕皇帝不答应，就想减少一半，但又没有把握，就找郭大昌商量。

河督说：“我知道郭先生是个直性子人，不喜欢转弯抹角，就直说吧，现在奉旨堵决口，拯救黎民，预算要银120万两，我想减一半，不知是否可以，特向你请教。”

“什么，60万两？”郭大昌惊讶地说，“太多，太多，再减一半，30万两足够了。”

兰第锡听了顿时大吃一惊，觉得太少，自己将来也

没有什么油水可捞，便连忙说：“太少，太少，那怎么行呢？”

郭大昌一眼看穿了兰第锡的鬼把戏，就单刀直入地说：“用15万两办工程，拿15万两给你们装腰包还不够吗？”

这铿锵有力的语言，击中了贪官的要害，弄得兰第锡非常尴尬，只得说：“是，是，好，好，那就请你亲自督办吧！”

“好！”郭大昌果断地答应下来。

后来，郭大昌按时堵住了决口，实用银未超过15万两。

郭大昌与黄河抗争了一生。到嘉庆十二年（1807）前后，黄河在苏北一带时常决口，灾害不断。当时河道官员认为，决口的主要原因是由于黄河入海口淤高，使黄河水流不出去，于是提出了“河口改道之议”，“或南出射阳湖，或北出滚河口”，争论不一。这时，郭大昌已60多岁了，他虽然受治河官吏排挤，可是仍一心挂着黄河。嘉庆十三年，他同好友包世臣一道长途跋涉，行程数万里，“相度黄、淮、湖、运之势”。他经过踏

勘，细心研究水流情况，认为“海口无高仰，河身断不可改”，主张恢复云梯关以下至海滨的一段长堤。云梯关以下的长堤原是靳辅所修，乾隆四十七年废弃。郭大昌主张把这段长堤利用起来，在运河口筑一长坝，导淮水主流入黄河，一方面“以减淮涨”，另一方面又“以清刷黄”，用束水攻沙原理，借淮河清水刷深黄河河床。到嘉庆十六年，黄河在萧县李家楼决口，危及洪泽湖，运河两岸百万人民也受到严重威胁。这时，郭大昌又提出将运河盖坝接长。他说：“接长盖坝，则清（河）、淮（河）无恙，接筑长堤，则黄（河）顺轨。”当时情况十分危急，统治者无其他办法可施，便采纳了郭大昌的建议。经过治理，嘉庆十九年（1814）间，黄河终于归入故道。伏汛后，入海口处河槽刷深21米，一般河床都冲深了约6米，秋汛时，水流连河槽都没有超出，使黄河一度出现畅通的局面。

滔滔黄河水，不尽东流去。它浸透着亿万人民的血和泪，也塑造了无数可歌可泣的英雄人物，郭大昌就是清代劳动人民出身的一个杰出的治河专家。他“讷于言而拙于文”，既不会说又不会写，因此也没有什么著作

留下来，加之为人刚正，不会吹拍逢迎，对那些贪官污吏敢于无情讽刺鞭挞，所以官府应急时求他，平时却不重用他，更不宣传他。但是历史是人民写的，他那刚正不阿的精神，他对治河所作出的贡献，是永远留在广大人民的美好记忆中的。

二、兴修水利除害的历史业绩
——中国古代的农田水利工程

水是农业的命脉，是城市的命脉，也是人类生存和发展的命脉。一部人类水利发展史，就是人类不断认识、掌握水的运动规律，除水害、兴水利，不断开发、利用水资源的历史。中国是一个水利大国，又是一个水利古国，不但水利开发历史久远，而且水利建设成就斐然，它成为中华古代文明的重要标志。

漳水十二渠

漳水十二渠是古代劳动人民修建的有名的引漳灌溉工程。这一工程修建于战国初期。那时韩、赵、魏三家分晋，数魏国最为强盛。而魏国的富强是和它重视水利、修建这十二渠分不开的。

魏国当时有一个叫邺的地方（现河北省临漳县西），紧靠太行山，漳水流经全境。这里依山傍水，土地肥沃，气候温和，本应该是个很好的农业区。但漳河却是条脾气古怪的河流。冬季，它只不过是一脉细流，潺潺湲湲。可是一到夏秋雨季，它万壑奔流，气势汹涌，常常吞没两岸农田房舍。为了对付漳河水患，邺地的人们想了很多办法。漳河却像一条难驯服的恶龙，仍旧年复一年冲毁房屋、吞没庄稼。正当人们苦于水患时，邺地的“三老”、“廷椽”等地方官吏、地主豪绅与装神弄鬼的巫婆却串通一气，造谣惑众，说漳河闹灾是“河伯显圣”，于是想出了一个馊主意，说：只要每年挑选一个美女，送给河伯做老婆，就可以使水患不起，民众安宁。就这样，在地方官吏和豪绅的操纵下，年年驱使老百姓烧香上供，并把美女扔进漳河，给

河伯做妻。他们不但坑害良家女子，还借机向老百姓索取大量财物，进行分赃。天灾，人祸，使邺地人民贫困交加，无法生活下去。特别是那些有姑娘的人家，生怕自己的女儿被选中，只得背井离乡，四处逃亡。老百姓说：“水灾凶，河伯娶妻更凶。”人民畏官如虎，就是未逃走的人家，也是见官就躲。

邺地是一个军事要地，三家分晋以后，邺地夹在韩国和赵国当中，西边是韩国的上党（现山西境内），北边是赵国的邯郸（现河北邯郸市）。这样的地方，魏主文侯当然不想让它荒弃，于是派来了能干的西门豹去当邺令。

西门豹到来之前，廷椽、三老已经打发人分头对老百姓进行了一番恐吓。因此，西门豹到后，邺地空荡荡不见人影。偶尔有一两个农民，不等西门豹走近，老远就吓跑了。西门豹是个有决心做番事业的人，为了把事情弄个水落石出，他深入乡下访问调查。经过一番查访，终于弄清了所谓河伯娶妻，只不过是地方官吏和豪绅互相勾结，利用封建迷信搜刮老百姓钱财的一种罪恶手段。

日子一天天过去了，又到了“河伯娶妻”的那一天。西门豹胸有成竹地和众人一起来到河边。

漳河浊流滚滚，岸上人群拥挤，给“河伯娶妻”的仪式开始了。一边是“送亲”的锣鼓、喇叭和爆竹声；一边是吓得发抖的“新娘”及其亲人的悲惨哭号。西门豹看着这一切，不禁怒从心头起。这时，乡官和巫婆见势不妙，满脸堆笑，向西门豹走来。西门豹不等他们开口，就装出很认真的样子，仔细端详哭得泪人似的“新娘”，然后摇摇头说：“这个姑娘长得不好看，烦巫婆亲自下河一趟，报告河伯，等找到美丽的姑娘再送去。”话音刚落，早有准备的随从便把作恶多端的老巫婆抛到河里。西门豹的这一着，使岸上的乡官们惊慌失措，谁也不敢吱声。观看的人丛中也发出轻微的骚动。那抛到河里的老巫婆在水中挣扎了一阵，就沉没了。等了一会，西门豹又非常认真地说：“这个老巫婆办事不力，怎么这样慢吞吞的，你们去人催催。”接着，又向河里抛了两个小巫婆子。廷椽、三老吓得魂不附体，惊恐万分，生怕落得跟巫婆一样的下场，都急忙跪下，“皆叩头，叩头且破，额血流地，色如死灰”。看到这

些平日作威作福、不可一世的官吏丑态百出，顿时，老百姓欢呼起来。为了让大家彻底明白过来，西门豹又命令将其中一个三老抛进水中。波涛滚滚的漳河水顿时吞没了这个“河伯”的代言人。那一批廷椽、三老哆嗦地又跪着叩头，哀求道：“这都是巫婆干的坏事，求大人饶命呀！”西门豹对老百姓说：“看来，巫婆和三老是再也回不来了，他们兴风作浪，编造谣言，现在都受到了应有的惩罚。今后，我们要用被他们骗取的钱财兴修水利，为百姓造福。”

西门豹察看了漳水地势，请来魏国能工巧匠进行规划设计，同时征集了大批民工。在西门豹的带领下，经过辛勤劳动，开渠引漳，终于建成了十二渠系统灌溉工程。工程由西门渠进水闸、西门干渠和十二渠组成。据《水经·浊漳水注》记载，曹魏时期，在漳水10千米作12磴，磴相去300步，令互相灌注，源分为12流，皆凿水门。这说明漳水十二渠当时已运用滚水堰和闸门控制用水。又据新中国成立后有关方面对十二渠遗迹考察，渠道的闸口在邺镇西15千米的西高榭村西北约1千米的漳河南岸。这一带土质坚硬，地势很高。渠道经过陡坡，

渠水飞泻畅流而下，可以想象景象十分壮观。由于年代久远，闸口建筑已残缺不全，但闸口基石仍清楚可见。靠近闸口的渠道，保存到现在的还有一两千米长，虽经千百年淤塞，渠两岸还有9米多高，渠底18米多宽。据《临漳县志》一书记载，清朝时有一个叫吕游的人，也曾对西门渠作过调查，他在《西门闸记》中写道：闸口“两旁各砌以大石，历年虽多受冲击而未损坏”。这些考察，都说明曹魏时期的水利工程技术已达到相当高的水平。

十二渠建成后，能排能灌，大水时它分排漳水的洪流，旱时用它灌水浇地。这充分体现了我国古代劳动人民征服自然的智慧。邺地有了十二渠，农作物产量一下子提高了好几倍。水利事业促进了农业经济的发展，魏国迅速成为战国初期的一个经济、军事强国，邺地也成了魏国的东北军事要冲。

都江堰

岷水丰盈富四川，“天府之国”美名传。四川，古来就享有“天府之国”的美称。她的美誉是与驰名中外的都江堰水利工程紧紧联系在一起的。

都江堰位于成都平原西部灌县城西，在岷江由山谷进入冲积扇平原的起点。它的设计非常巧妙，是我国古代水利史上的一颗灿烂明珠。

在都江堰工程兴建之前，这里是水旱灾害频繁的地区。岷江是长江上游的一条大支流，发源于四川省西部。它的上游源于绵亘的大山中，山高谷狭，坡度很大，急速的流水中夹着大量的石子和泥沙滚滚而下。当它流经灌县进入平原以后，流速迅减，石子、泥沙便在河床里淤积起来，河水容易涨到岸上。再加上每年春末夏初天气暖和，岷江上游许多大山上的积雪融化，雪水从四面八方汇集到岷江里，水量突然增多，因此很容易造成山洪暴发。洪灾一来，淹没庄稼，冲毁房屋，当地百姓不得不扶老携幼逃往他乡谋生，逃避不及的则被洪水淹死。而地形较高的地方，却灌溉用水难得，常闹旱灾。因此有时会出现一边涝一边旱的奇怪现象。这样的灾情差不多年年都会发生，因此百姓年年挣扎在痛苦和死亡的深渊中。

百姓盼来了李冰。李冰是历史记载最早治理岷江的人，据记载，秦昭王五十一年（前256），派蜀太守李冰

主持兴修都江堰工程。

李冰“能知天文地理”，注重实地考察。在都江堰兴建前，他就同儿子和老乡跋山涉水，对岷江沿岸一带的地形和水情作了详细的勘察。在调查中，李冰了解到灌县城外矗立在岷江东岸的玉垒山，每逢岷江上游山洪暴发，往往出现西边涝东边旱的情况。对这种现象，李冰认为用凿口分水的办法可使岷江上游的洪水减缓力量，顺应水流自然形势。为此，他决定把玉垒山凿开一个缺口，让洪流分一股到山的东边去，那样既可以分洪减灾，又可以引水灌田。

分洪减灾是治理岷江的关键，凿开玉垒山是分洪减灾的必要措施。动工时，当地百姓踊跃参加，可是由于岩石坚硬，工程进展很慢，工具也损坏了不少。有些人垂头丧气，打退堂鼓。正在这时，一位满头银发的老人告诉大家，先在岩石上开一些槽线，然后在岩石四周堆上干草和树枝，点火燃烧，使岩体受热膨胀，再用冷水浇，岩石就会自行破裂，开凿就省劲多了。李冰知道后，立即吩咐大家照此办理。此后，工程的进展显然加快了。经过艰苦努力，终于把山凿开了。人们把凿开的

缺口称为“宝瓶口”（因其形状像瓶口而得名），把开凿后和江岸隔离的石堆叫做“离堆”。

宝瓶口是控制内江灌区流量的咽喉，它整个引水通道的尺寸是：宽20米，高40米，长80米，与其前沿外侧的“飞沙堰”在运作上紧密配合。人们对凿开的宝瓶口寄托了很大的希望，等着洪水来考验。可是没料到山的东边地形较高，当年洪水来时，进宝瓶口的流量很少。为了解决这个问题，李冰父子等人再次到岷江沿岸视察。经过反复察看地形后，他终于找到了新的方法，那就是在距离玉垒山稍远的江心里筑一道分洪堰，使岷江的水流在玉垒山前面分成两股，一股导入宝瓶口。

修堤筑堰，用什么材料呢？开始，他们把鹅卵石搬到江心，堆砌成一条堰。这样做，虽然能起分洪作用，可是不久就被江水冲垮了。他们又改用大石块，还是不行，只见大石块在江心被洪流冲得摇摇晃晃，不能稳定下来。还有什么好办法呢？

为了解决这个问题，李冰父子又约同几位老乡，第三次到岷江上游察看水情。他们沿途看到山上到处长着碗口粗细的竹子，许多房屋就用竹子做梁做柱，家具

大都用篾片编成，又看见山溪里放着一些竹笼，里面泡着要洗的东西。溪水虽然很急，但竹笼却冲不走。这些现象使李冰联想到把竹子编成笼装卵石来筑堰：李冰的这一想法是很有道理的。因为成都平原是冲积地带，地面很松软，如用鹅卵石堆砌，松散的卵石经不起水的冲击，如用大石块筑堰，地面不堪重压，往往下沉或使堰体断裂：笼装卵石，层叠堆垛，互相密接，可以免除堤埂断裂的缺点，而且卵石之间有着适当的空隙，可使水缓慢渗出，减少洪水的直接压力，也就减少堤堰崩溃的危险。他向大家说明了这个打算后，大家都认为这个办法既巧妙又合理，也容易办到。他们编好了一批竹笼，装进鹅卵石先进行试验。试验基本上成功，只是竹笼投在水流湍急的地方仍不免有些摇摇晃晃。因此，他们又把竹笼加长加粗。竹笼编成环形，长10米，直径约0.5米。篾条宽约0.05米，内装卵石越密越好。试验终于成功了，加长加粗的竹笼在急流里，一点也冲不动。

铺设笼埂，下层很宽，往往由并排4—10条组成，堆叠上去越来越小，最上层只并排1—3条，成金字塔形状，十分牢固。岷江由此分成两条水道，在大堰西边的

是岷江的本流，人们把它叫做“外江”；在大堰东边的水道，经过宝瓶口，通向长江的另一条支流沱江，人们把它叫做“内江”。大堰伸出一个尖头，指向岷江的上游，远望好像一个大鱼头，人们把它叫做“鱼嘴”。

“鱼嘴”是都江堰水利枢纽工程的首部建筑物，其位置布置得十分合理，在江心把岷江分为内江和外江，起到了自动调节流量“分四六”、“平潦旱”的作用。枯水期间岷江流向主要指向内江，内江受水六成，外江四成；洪水期间，流向改变，外江河口上游发生显著的降水曲线，反过来内江受水四成，外江六成。按现代的实测资料分析，这个分流比例数字大体是正确的。

为了加强大堰的分洪作用，在都江堰和离堆之间，又修建了“平水槽”和“飞沙堰”。平水槽就是在鱼嘴后身一大片滩地上沟通内外两江的一条水道。飞沙堰在宝瓶口对面，位于内江右岸，是一个溢洪飞沙的低堰，长约180米，全部用竹笼和特大卵石砌成。它的作用是排泄进入内江的过量洪水和一部分沙石。当内江水位达到旧水则（古时用以观测水位的标尺）13画时，内江流量可达350立方米/秒，这样正好能满足下游春耕时农田的

浇灌。当水位超过13画时，洪水便自动地翻越飞沙堰泄往外江去。飞沙堰在排泄洪水时，又怎能排沙呢？这是由于飞沙堰的作用使江水产生弯道环流有侧面排沙的妙用，所以水中夹带的部分沙石就随堰顶溢水一道排到外江去了。被排走的沙石有的直径可达30厘米以上。飞沙堰与宝瓶口的联合作用，保证了灌区春水不缺，洪水不淹，同时也保障了成都平原的防洪安全。

李冰不仅建成都江堰的“宝瓶口”、“鱼嘴”、“飞沙堰”三大主体工程，更大的贡献是把水害变成了水利。离堆凿开了，堤堰修筑了，灌溉的过程仅仅有了开端，接着就是内江开河，使它流经成都平原，作为灌田的干渠。据记载，李冰曾开了两条河，一条河叫郫江，一条河叫汶江，都经过成都。在两江之间，开了不少的支渠，安设闸门灌溉成都附近三郡的农田。从前这个缺水即旱、一到夏天就闹水灾的地区，顶多仅能种些耐旱的作物，有水以后却到处都可以种水稻了。据《华阳国志·蜀志》记载，“旱则引水浸润，雨则杜（堵）塞水门”，人们基本上把水控制住了。四川西部从此很少旱涝之灾，成都平原变成“沃野千里，号为陆海……水

旱从人，不知饥馑，时无荒年，天下谓之天府”的美丽田园。

继李冰之后，历代劳动人民又进行了新的创造，修建了其他一些辅助工程。为了使分洪大堰经久不坏，人们在“鱼嘴”后面的滩地两边都用装着鹅卵石的大竹笼砌成堤岸，把它叫做“金刚堤”，沿内江西岸的叫“内金刚堤”，沿外江东岸的叫“外金刚堤”。为了有效控制水流和保护河岸，在大堰上游，靠近岷江东岸，遥对分水“鱼嘴”，人们又用卵石砌了一条长达500多米的顺水坝，把它叫做“百丈堤”。在宝瓶口附近，人们又用竹笼装着卵石，修筑了一条弧形的护岸堤，上连飞沙堰，下接离堆。这个堤兜弯折角，远望像个人字，人们叫它“人字堤”。有了这些工程，都江堰更加系统化、完善化，可以更加充分发挥分洪减灾和引水灌田的两大作用。

为使灌渠通畅，保证水量，避免水灾，冲积的泥沙每年需要淘挖一次。一年一次的淘挖叫做“岁修”。“岁修”是保养大堰必不可少的措施。秦以后各代，在不断积累经验的基础上，形成了所谓的治水“三字

经”，亦刻有石碑。碑文是：

深淘滩，低作堰；六字旨，千秋鉴；

挖河沙，堆堤岸；砌鱼嘴，安羊圈；

立湃厥，留漏罐；笼编密，石装健；

分四六，平潦旱；水画符，铁桩见；

勤岁修，预防患；遵旧制，毋擅变。

除此之外，在灌区渠道的修浚工作上还有“遇弯截角，逢正抽心”之说。“遇弯截角”，说的是水流遇有弯角，河岸很容易受冲刷而崩塌，洪水到来时容易出险情，故应将弯角处对面的凸岸伸出的沙砾嘴截去，使河流较为直顺，水流自然通畅。在洪水期大流走向中道，不致过分冲刷凹岸。“逢正抽心”，说的是如果河流中间出现了沙洲，使河槽分为两支，水浅时容易枯干，洪水来时，没有宽大河槽，用竹笼砌丁坝或顺坝挑流归槽，使人工开挖的河槽借助水力自行刷深，形成平直的河道。

两千多年来，都江堰一直在航运、灌溉、防洪三方面显示出巨大的作用。水利史上这一伟大创举，在我国史不绝书，在世界上也不乏其文。

都江堰的兴建，一去两千余年，她像一座历史的丰碑，傲然屹立在祖国四川盆地之中，随着社会生产力的发展，这颗水利工程史上的灿烂明珠，将永不磨灭。

郑国渠

郑国渠是春秋时期由秦国兴建的三大著名水利工程之一。它的建成，大大地促进了关中地区农业的发展，为秦国一统天下提供了强大的物质基础。

战国后期，秦国逐渐强大。它要出兵讨伐东方各国，韩国首当其冲。公元前249年，秦国大将军蒙骜伐韩，韩兵大败，丢失了成皋等重镇。从此，韩国君臣都有岌岌可危的感觉。公元前246年，魏信陵君率领六国之兵打败了蒙骜，韩国得到喘息的机会。但是，一想到六国之兵不日就要撤走，秦国很快又会大兵压境，韩王不觉忧心忡忡。

一天，韩王召集群臣计议退秦之策，群臣个个面面相觑，一筹莫展。韩王正为无退敌之策心烦，突然一个大臣出来说道："陛下且请放心，臣有一计，可保秦国无暇攻韩。"韩王开始还不大相信有什么妙计，但是，

看到这位大臣似乎胸有成竹，便叫他赶紧说出来。这位大臣不慌不忙地说：“目前，秦庄襄王刚刚去世，其子嬴政才继位，不可能马上出兵，这是其一；前时蒙骜吃了败仗，秦军受了重大挫折，尤恐我乘其乱联合五国进击秦，故短期内不可能出兵进攻我们，此其二；其三，也是主道：“倘日后韩国一举灭秦，卿当立下盖世奇功。”

当下，韩王下令群臣立即物色一个合适的人选去实行“疲秦”之计。几天以后，有人向韩王推荐郑国，说郑国是一个在民间颇有名气的水工，他虽然没有从事政治活动，但知书识礼，口才出众，不仅聪明，且有胆识。韩王大喜，亲自召见郑国，勉励郑国勇敢地去承担责任，还一再叮嘱说：“此行须要十分缜密，倘有疏忽，不但个人有杀身之祸，而且会招致国破家亡。”郑国没有说话，只是唯唯受命。

当时政治上的失意者“择主而事”，从这个国家走到那个国家去，不是什么稀罕的事情。郑国入秦后，找到了晋见秦王的机会。当时因为各交战国之间说客和细作甚多，秦王对郑国的求见，自然有所警惕。郑国看到

秦王年少英武，加上入秦后到处都看到秦民努力生产，士兵苦练武艺，心里暗想，将来统一诸侯国，恐怕非秦莫属了。他对于诸侯各国连年混战给生灵带来的巨大苦难有着深切的体会，早已渴望能结束这场战争，使百姓能够安居乐业。看到秦国是大有希望的国家，他也希望能帮助秦，尽快完成统一大业。但是初见秦王，他的这些想法是不能立即说出来的，因为这样一说，不但会引起秦国怀疑，而且万一被韩王知道，一定会生出许多麻烦。所以，他想出另外一种办法去说服秦王。

郑国见到秦王后，行过见面礼，就开口道："人人都说当今秦主是个深谋远虑的明君，我之所以弃韩投秦，正是为了选择贤明的君主，但是到秦一看，却使我大失所望。"

当时秦始皇为了尽快完成统一大业，正在如饥似渴地广纳人才，所以一听郑国出口不凡，不但没有发怒，反而暗暗高兴，便问郑国道："先生既然有这种想法，能否直接讲出来呢？"郑国说："当然可以。"于是他首先从李冰开凿都江堰使蜀地变为天府谈起，再谈到这"天府之国"对秦国逐渐强大所起的作用，又谈到目前

秦国军事用粮年年增加，出兵东伐，却要从远道运粮，对用兵不利。最后又用激将法说道：“关中广袤数百千米的地方，又有泾、洛诸水可引，难道秦国的谋士们没有看到其中的道理吗？”秦王一听，非常高兴，立即采纳了郑国的建议，并委托郑国负责在关中开凿一条大渠。

郑国得到秦王的同意，立即到关中平原（亦称泾渭平原）进行调查。他看到关中土质肥沃，黄土疏松，渭河及其支流泾、洛等河穿流其中，的确是一个很理想的发展农业的地区。但是，要兴修一条自流灌溉的灌渠，可不是容易的事情。首先，他选择了一条合理的渠线。如果渠线的坡度选得太陡，渠道可以开得小一些，但水流太急，很容易把两边疏松的黄土冲垮；如果选得太缓，渠道不仅要开得很大，耗费大量人力物力，而且水流太慢，泾水的大量泥沙就容易淤塞。郑国经过一番精心测量，充分利用地形特点，决定从仲山以西谷口的地方开渠，直至洛河。干渠的总方向是由西向东，渠线摆在渭北平原的二级阶地的最高线上，因而就具有“甃屋行水”之势。郑国沿着这一线路开渠，不仅工程省，而且方便一侧或两侧引水。在渠首段海拔约为430米，至入

洛河处约为365米，故干渠的平均比降为4‰—5‰。渠全长约150千米。在战国末期要完成这么长的渠线测定工作，是件了不起的事；在当时生产工具还比较简陋的情况下，把它修成更是惊人的创举。这条渠被后人称为郑国渠：郑国渠修成后可灌溉农田13万公顷。

其二，他巧设了渠首。郑国渠渠首设在仲山西邸瓠口。瓠口又称为谷口。泾河自彬县入峡后，在崇陵中奔腾呼啸，势如破竹，于此出谷口进入渭北平原。谷口以东（即泾河北岸），北山以南，是东西数十千米、南北数千米的大片平原，其地形特点是西北微高，东南略低。渠首选在此地，充分利用了这一地形，使干渠沿北山南麓向东伸展，很自然地把干渠布置在灌区的最高地带，这样不仅最大限度地控制了灌溉面积，也形成了全部自流灌溉系统。郑国还采取了立堰壅水办法。据传，郑国到了秦国的北山之下，看到泾河中有许多巨大的石头，绵延有一两千米长，泾河水从其中流过。这个地方适合于作堰，所以就立石囷来壅水。每行用石囷100多，共计120行，借助天然石头的力量，又凭借一两千米长的石质河床作堰势。在修筑堰坝时还注意到了堰身与泾河

水流方向成西北与东南的适当斜角，以减弱洪水对堰坝的压力和冲击力。渠首的引水口设在泾河弯道的凹岸顶点下游，这里流速大，进水量多，渠口不易淤积，就是枯水期，泾河主流仍靠近引水口。再加上进水口下游处筑有大堰壅水，使水位抬高，这样水更容易入渠。

其三，他巧妙地开挖“水勃子”和“退水渠”。“水勃子”就是“引水渠”，是指由渠口通到灌溉干支渠之间的输水总干渠段。郑国渠的“自仲山西麓瓠口为渠”，就是指的总干输水渠段的位置和长度，即由仲山西麓瓠口到今天的王桥乡所在地的一段距离，长约5千米。在开通引水渠时，郑国因势利导，使渠的位置与泾河水流成一适当夹角，这样就使水流平顺，自然能多引水。现在，在五桥乡所在地的泾河东岸上，还保存有明显的引水渠故道遗迹。

泾水在秋季水量很大，冬春则很小。因此，在建渠的时候，就必须考虑既要在水少的季节尽量多引水，又要防止在多水季节因进水量过大而冲坏渠道的现象发生。为了解决这个矛盾，郑国巧妙地在引水渠南面开挖一条退水渠，其宽度与引水渠的宽度大致相等。这种退

水渠能排泄山洪，把引水渠里较多的水泄到泾河去。

其四，他用“横绝”的办法，把沿渠小河截断，将其来水导入干渠之中。具体做法是，把南边的渠堤用堆石困的方法加高加厚，使小河水从北边顺流入郑国渠。而且还在渠岸的北边设有一条灌溉支流，在南堤一旁的“横绝”处稍东还设有一条退水渠。郑国渠过石川河的情形就是这样的。“横绝”带来的好处不少，一方面把被“横绝”了的小河下游腾出来的土地（原来小河的河床）变成了可以耕种的良田，另一方面小河水注入郑国渠，增大了灌溉水源。郑国渠利用小河的水利资源，采用“横绝”技术，为以后关中大规模兴修水利开创了先例。

正当开渠工程顺利进行的时候，发生了一件意外的事情。原来，郑国渠大动工之后，秦国并没有被弄得疲惫不堪，相反，经过一段时间休整以后，又开始向东讨伐了。秦始皇登位第三年，秦又派大兵伐韩，连克10城。起初，韩国看到秦国两年没有动兵，又听说郑国已经在关中地区大规模兴修水利，韩王还以为是“疲秦”之计奏效，非常高兴；没想到秦兵突然而来，吃了很大

的亏。眼看所谓的“疲秦”计已成为泡影，而且，郑国一去几年，连一点消息也没有，韩王便怀疑起郑国来了，于是派人向秦王说明了真相。

一天，郑国正在测量已经开挖的一段大渠的深度，突然，一大队士兵出现在他的面前，不由分说，便在他的脖子上套上大枷锁，把他推上了囚车。工地的人群看到这种情景，都惊呆了。

郑国走后，由于大渠没人指挥，两三天后，民工全都走散了。

郑国被绑到咸阳之后，士兵们从囚车上把他拉下来，由几个校尉将他一直押进咸阳宫。当郑国走进宫殿后，看到大殿两旁刀戟林立，文武大臣个个怒目而视，秦始皇更是瞪圆双眼，像立即要把他吞掉似的。但是，郑国却显得非常镇静，嘴角还带着一丝微笑。郑国心里明白，秦始皇对他突然采取这种拘捕的行动，一定是起初那个“疲秦”之计暴露了。除此之外，他再也想不到别的原因。

这时候，只听见秦始皇冷笑一声说：“小小的黄雀，怎能撼我大树！郑国，你的阴谋已经败露了，在处

死你之前，还是给你一个说话的机会，看你还有什么遗言留给你父母。”

郑国不慌不忙地说道：“我事秦数年，未杀秦国一兵一卒，未毁秦国一草一木。仅为一渠，不知犯什么大罪使君王这样动怒？”

秦始皇哈哈大笑起来，略带嘲讽地说道：“你的口才很不错，但是，花言巧语是掩盖不住事实的。你到秦国来，到底负有什么使命，赶快如实招来！”

郑国平静地回答道：“不错，郑国入秦之前，韩国曾交给我一项正如陛下和众臣已经知道的使命。我作为韩国臣民，为自己的国君效力，这也是天经地义的事。不过当初那‘疲秦’之计，只不过是韩王的一厢情愿罢了。陛下和众臣都可以想想，即使大渠竭尽了秦国之力，暂且无暇攻韩，对韩国来说，也只是苟安数年罢了……郑国并非不知道，天长日久，‘疲秦’之计必会败露，将有粉身碎骨的危险。郑国之所以披星戴月、呕心沥血于大渠上，正是不忍抛弃我所认定的水利这项崇高事业。若不如此，渠开工之后，恐怕陛下出10万赏钱，也无从找到郑国的下落了。”

众臣听了郑国一番话，都不住地点头，那群手持刀剑的武士，都纷纷垂下武器，大家不由得望着秦始皇，看他如何处置。

只听秦始皇大喝一声："还不赶快打开枷锁。"

郑国获得秦国君臣的再次信任后，更把全部精力贡献给了关中水利事业。经过成千上万劳动人民寒冬酷暑的辛勤劳动，大渠终于建设起来了。

关中地区老百姓为了纪念郑国的业绩，把这条渠命名为郑国渠。

汉代史学家司马迁非常热情地赞颂郑国的献身精神，高度评价了郑国渠的历史作用，说这条渠建成后，"关中为沃野，无凶年，秦以富强，卒并诸侯"。司马迁把郑国渠兴建的事迹记载在他的名著《史记》上。从此，郑国的名字为世世代代所传颂。

新疆坎儿井

在我国著名的神话小说《西游记》里，描绘了唐僧在西去取经的路上，遭遇火焰山阻挡的故事。小说里写道，800里火焰山，寸草不生，飞鸟不得过。只有借得铁扇公主的芭蕉扇，才能一扇熄火，二扇生风，三扇

下雨，然后布谷长禾。这虽是神话故事，却说明了火焰山一带气候炎热，雨水奇缺。火焰山，坐落在新疆吐鲁番盆地的中部。那里极为干旱，到了夏季，山上冰雪融化，水流到山麓后，大部分渗入地下，变为潜水。而白天气温极高，红色砂岩在烈日的暴晒下，如同烈焰一般闪闪发光，故称火焰山。水，这里的人们多么需要水呀。这一带的劳动人民为找水源，发展农业，作了许多尝试。经过世代努力，他们创造出了一种适应这里特异地形和地质结构的地下灌溉系统，这就是举世闻名的坎儿井。

坎儿井究竟始于何时？在《史记·河渠书》里，记载了最早的井渠——汉代修龙首渠的故事。

龙首渠引洛灌溉，在开发洛河水利的历史上是首创工程。它是今存的洛惠渠的前身。汉武帝时，有一个叫庄熊黑的人向皇帝上书，建议开渠引洛水灌田。他说临晋（今大荔）的老百姓愿意开挖一条引洛水的渠道灌溉重泉（今蒲城县东20千米），如果渠道修成了，就可以使1万多顷（1顷=6.6667公顷）的盐碱地得到灌溉，可收到亩产10石（1石=100升）的效益。武帝很快采纳了这一

建议，并征集了1万多民夫前去开渠。

开渠过程中的一大难题，就是渠道必须经过商颜山（今又叫铁镰山）。起先，他们开了一条明渠绕过山脚。可是，一场暴雨，顺着山涧流下的山洪，卷着沙石呼啸着向山下冲去：山脚的黄土层受雨水侵蚀，大块大块地崩塌了。这样，刚刚筑好的渠道被冲得七零八落。怎么办？这时有人建议，从地下穿过商颜山，开条暗渠，也就是今天的隧道。但是只有两个进出口，何时能打通？因此，他们想了个办法，先在山上向暗渠线间隔打井（有的井深达百余米），再从井底向两边开暗渠，使之相通行水。相传在掘井施工时，曾掘到恐龙的化石，人们奔走相告，说缚住龙王了，并在当地修了一座缚龙寺。这井渠就取名为龙首渠。和以前所开渠道相比，龙首渠的风格是独特的，从洛河蜿蜒而来的渠道，就似一条长龙，经商颜山时，它的一节突然不见了，而后又出人意料地穿过商颜山而复出。渠道通水后，远近百姓都争相来商颜山观看这一新鲜事。司马迁说：“井渠之生自此始。”

1975年6月，文物工作者在北泾河上游发现又一井渠

遗址。据考证，此渠与修龙首渠相差时间不远，和新疆的坎儿井十分相似。

据历史记载，西汉时期，汉武帝曾派张骞出使西域，沿途山岭横亘，戈壁千里，黄沙无垠。路途艰难不说，最缺乏的还是水，常常行数十千米见不到水。张骞注意到，当地农民多居住在山麓近水一带，农民们用山谷雪水和地上泉水灌田和饮用。张骞成了沙漠古道的开路先驱。他将内地农业生产技术带到了西北边疆：从此，在这条驼铃叮当的沙漠古道上，西域与内地的经济文化交往日趋频繁，内地水渠、井渠法也相继传入。据《水经·河水注》记载，在西汉，敦煌人索劢就曾率士兵四千人在楼兰附近兴修水利，“横断注滨河……灌浸沃衍，胡人称神，大田三年，积粟百万”。据考古发现，在今沙雅县东，至今仍可见到长达100多千米、宽约8米、深约3米的古渠遗迹，当地人还称之为“汉人渠”。新疆著名的坎儿井，亦始于西汉。据《汉书·西域传》记载，宣帝时，派破羌将军辛武贤率兵15 000人到敦煌，并派使者在自龙堆东土山下开井渠。三国人孟康说这井渠有“大井六，通渠也，下流涌出”。显然，此井渠与

现代坎儿井布局一样，古代记载和遗迹生动地说明早在两汉时期，我国各族人民就友好交往，在新疆大兴水利，结下了民族友谊之果。

提起近代坎儿井，人们不会忘记林则徐在新疆治水的业绩。

林则徐是一位反对帝国主义侵略的杰出人物。他一生中的主要功绩除了反帝、禁鸦片外，在农田水利建设方面也是有很大贡献的。1842年，轰轰烈烈的禁烟运动由于投降派反对而失败，昏庸无能的道光帝撤了林则徐的职，并将他发配新疆。时值隆冬季节，戈壁沙漠上，寒风凛冽，黄尘漫漫。沙漠古道上，骆驼载着林则徐一起一伏地向前迈着艰难的步伐。林则徐脸色阴沉，思绪万千。可是，这茫茫沙海怎能淹埋他轰轰烈烈干一番事业的雄心，刺骨寒风怎能泯灭他火一样的爱国热情？曹操“老骥伏枥，志在千里，烈士暮年，壮心不已”的诗句，不止一次在他心底响起。这时，林则徐已经58岁了，民富国强的愿望驱使他“怜民穷，不使之为鱼鳖”，决心要在白发晚年为开发祖国的边疆作出贡献。早年，他曾在江浙修治水利，也曾对平息黄河水患做过

有益的工作，有一定的治水经验。现在，他走一路，看一路，问一路，认真了解人民生活和农业生产情况。刚到伊犁，他就提出关于“塞上屯田水利”的建议。伊犁将军布彦泰征求他的意见，问他愿在伊犁办理屯田，还是到边远的地方去。他却提出要到各地走走。从此，他往来奔走于吐鲁番、哈密、库车、阿克苏、喀什、莎车、和田等地，亲自指导勘垦。他发现新疆的坎儿井既可利用地下水源，又能减少蒸发，是很适合当地情况的水利设施，只是开挖得太少。于是，他倡导当地人民积极打井修渠，并亲自到现场指导，使坎儿井在这一段时期有了相当的发展。

饮水不忘挖井人。新疆的人民对林则徐非常感激，修建了“林公坊”，表示对他的颂扬和纪念，至今还有把坎儿井称作“林公井”的。

我们的祖先建筑的万里长城、开凿的大运河常常使我们自豪，而那遍布哈密、吐鲁番盆地的坎儿井，也够和长城、大运河相媲美，因为开凿它的每一段并不比修筑长城的每一段容易。

坎儿井工程共分三部分：一是主井，又叫工作井，

是和地面垂直的井道，在开掘和修浚时用于出土和通风；二是暗渠，是在地下开挖的河道，为主要的输水道，把地下潜水由地层通到农田；三是明渠，就是田边输水灌溉的渠道。从山上流下的雪水，渗入地下后，被聚集在进水部分，再通过输水部分，引到地面，送到田间。挖坎儿井，地面坡度要大，地面坡度与地下水面坡度差也要大，这样才能得到更多的水量，并使水通过坎儿井自流到地面。由于地面有一定坡度，而暗渠一般坡度较小，所以主井深度越往上游越深，最深可达60—70米；下游临近出口处，只有10米左右。暗渠的长短不一，最长超过30千米，最短也有1千米，一般约10千米。暗渠断面一般高为1—2米，宽1米以下，断面较大的可通过2人。地下水也从暗渠底部、两侧，甚至顶部渗入渠中，渠水深一般可达0.4—0.8米。水源较少的井渠出口处，一般还修筑有小型蓄水池。这种小型蓄水池，当地人称为“涝坎”。

开凿坎儿井的工程是相当浩大的，规模大的坎儿井，往往要开凿好几年。要使坎儿井经久耐用，还要常年修理保养，要在暗沟清除淤泥，支撑梁柱，甚至还要

加掘上游暗沟，以增加水源，工程也很艰巨。古代劳动人民为获得水源，就这样不畏艰难，坚持不懈地与自然作斗争。

芍陂

当你打开安徽省地图，就可以看到，在寿县城南约30千米处，夹在城东湖、瓦埠湖、阳湖的中间，有一颗心形的美丽绿珠，名叫安丰塘。当你站在大坝上，看着坝下的闸门慢慢曳起，清清的流水沿着整齐的渠道流向远处，滋润着碧波万顷的禾苗，一定会感到心旷神怡。这个塘，和我们今天那些耸立的高坝、壮阔浩瀚的大水库相比，或许会显得娇小。正因为这样，人们才恰如其分地把它叫做“塘”。这可不是一般意义的“塘”，它是古代曾享有盛名的我国最早的大型蓄水灌溉工程——芍陂。

早在春秋中叶，寿春一带已经成为楚国的重要农业区了。但是，这里东、西、南三面群山环绕，每逢雨季，山洪经过这里流入淮水，对农田危害很大；若遇缺雨年份，则又常旱灾。

楚国为了争霸诸侯，急需富国强兵，所以十分重

视寿春一带的农业。楚庄王时期（公元前613—公元前591），令尹（宰相）孙叔敖奉庄王的命令，在今河南固始，安徽霍邱、寿春一带大办水利，并且兴建了我国第一座人工大水库——芍陂。《水经注》记载：“芍陂”周长一百二十多里，在寿春县南八十里，“言楚相孙叔敖所造”。可见早期的芍陂规模已经不小。由于芍陂周围连年丰收，东晋时期改称“安丰塘”。

芍陂建成以后，较大程度地解除了这里的水旱威胁，使这一带的农业得到更好的发展。到楚考烈王二十二年（前241），楚国被秦国打败，迁都到这里，并把寿春改名为郢。

芍陂地势是南高北低，稻田布于西、北、东三面，在陂的这三面开了4个水门，并开渠道，以利灌溉和排洪。为了扩大水源，又在陂的西南放开了一条子午渠，上通淠河。因淠河发源于大别山，上游雨量充沛，使芍陂有比较充足的水源。据《水经注》记载，当时还有祁神水（濠水）等引入，芍陂库址又是处在一片低洼的地方，东、西、南三面山冈的雨水经过这里，一部分汇集入淮，一部分注入芍陂内。所以，芍陂的水源较丰富，

芍陂可以容蓄数千万立方米的水量。在少雨时节放水灌溉，在干旱年份就更显出它的巨大作用了。

芍陂的建筑物除了土坝以外，还有5个水门，这5个水门在北魏时期就建成了。它们的作用是用以“吐纳川流”，节制水库用水。

芍陂虽然在历代战役中多次受到破坏，但是由于它对当地的农业发展作用巨大，所以古代一些重视发展生产的政治家、军事家和水利家曾多次对芍陂进行整修。

第一次较大规模的整修是在东汉建初八年（83）由著名的治河专家王景主持。当时，王景出任庐江太守，他很了解芍陂的历史作用。那时候，芍陂已经经历了六七百年的岁月，因年久失修，陂内大部分被淤塞，堤坝和渠道都残破不堪。王景亲自组织官吏和附近的群众清除陂内淤积物，重新修筑拦河土坝，整理渠道。据说他还在新修的拦河坝上，从坝顶到坝底打上一排排的木桩，用以加固坝身。此外，王景还推广牛耕和蚕织技术，从此以后，寿春地区“垦辟倍多，境内丰给”。

三国时期，曹魏在淮河流域一带进行了大规模的屯田，大兴水利，先后多次修建芍陂。其中规模较大的有

两次：一次是在建安五年（200），由扬州刺史刘馥修治；另一次是在魏正始二年（241），由邓艾修治。邓艾还在附近修建大小陂塘50余所，大大扩展了这一带的灌溉面积，在芍陂北堤又凿大香门通淠河，开芍陂渎引水通肥河，以利大水时泄洪。当时，“沿淮诸镇，并仰给于此”。可见，这个时候的芍陂又发挥着多么显著的作用。到西晋太康后期（286—289），“旧修芍陂，年用数万人”，说明芍陂已建立了岁修制度。

南朝元嘉七年（430），豫州刺史刘义欣主持了一次全面复修芍陂的工作。这次修治，不但重新清理了陂内淤积杂物，修复堤防，还对引水渠进行了较为彻底的整理，使得芍陂恢复到可灌溉农田万余顷。

隋开皇间（590年左右），寿州长史赵轨对芍陂又进行了一次较大规模的修治。这一次还新开了36个水门，使放水灌溉更加及时便利。到了唐代，芍陂灌区仍然建立屯田，“陂经百里，灌田万顷”，并有安丰塘的名称。北宋时，对安丰塘也多次修治。王安石路过安丰塘，写了一首诗，夸赞安丰塘是“鲂鱼鲅鲅归城市，粳稻纷纷载酒船”，可见当时受安丰塘灌溉地区经济繁荣

的景象。自此以后，宋元明清各朝代，先后修治芍陂不下数十次。但由于地主豪绅强占良田，70%的塘身被占为田，使灌溉面积锐减。直到新中国成立后，安丰塘才重换新装，充分发挥其作用。

海塘工程

我们的祖先很早就开始利用大海为人类造福，同时也开始了征服海洋的斗争。海塘便是中国古代劳动人民征服海洋潮汐的历史见证，同时也是我国水利史上的一座丰碑。

海塘，北面从江苏省常熟起，西南至浙江省的杭州市止，全长约400千米，分江苏海塘和浙西海塘两大部分。江苏海塘大部分濒江，小部分临海，所经地区为常熟、太仓、宝山、川沙、南汇、奉贤、松江、金山等县，长约250千米。浙西海塘经平湖、海盐、海宁至杭州钱塘江口，长约150千米。

海塘的塘身，一般高达10米，全部是用大块巨石分层叠砌而成。上窄下宽，成梯形状。人们可以从塘顶一级一级往下走，直达海滩。大石块有的长2米，宽厚各0.7米；有的长1.5米，宽厚各0.5米。其选料与叠砌的方

法很讲究，整个海塘浑然一体。

海塘兴建的年代，已经难以查考。《水经注》转引过《钱塘记》这则传说，相传在东汉末年，杭州城里有一个名叫曹华信的人，他很有钱，主张在钱塘江口修建海塘。他在招募民工时说，一担土石给钱一千，于是就有很多人运送土石来。但曹华信这人不讲信用，土石运到后不给钱，民工一气之下，丢下土石便走。这些土石堆积成海塘，当时就叫做钱塘。其实，钱塘名称的这个由来并不可信，因为早在秦始皇时就设置了钱塘县。但东汉时劳动人民在与自然界作斗争的过程中，为了防止海潮的侵袭，构筑海塘工程，却是完全可能的。关于海塘修建年代的确切记载，也在东晋咸和年间之前。

早期的海塘是“版筑”的，像打泥墙那样两面用木板夹起，中间填土来筑海塘。但由于潮汐昼夜冲刷，来势汹汹，这种海塘遭受破坏自然十分严重。

到五代吴越王钱镠时期，海塘工程有了发展。吴越王钱镠曾在杭州候潮门和通江门外筑塘防潮，采取了一种新方法：用竹笼装满石头放在塘址上，然后再打大木桩把竹笼固定起来，成为堤岸，这样堤岸就坚固多了。

这种“石囤木桩法”使海塘工程大大前进了一步。

到了宋代，我国江浙沿海一带发生了很大变迁，一些海域淤积成陆地，一些陆地沉沦为海域。为了适应这种变化，在北宋大中祥符、景祐、庆历、嘉祐和南宋乾道、嘉定、嘉熙年间都不断对海塘加以修筑。在不断加修海塘的过程中，塘工技术也得到了较大的发展。大中祥符五年修筑钱塘时，发现竹笼装石筑塘，竹腐石散，海塘易毁，便改用以柴土为材料的卷埽式“柴塘”。景祐年间又将部分土塘和“柴筑”改为石塘。到南宋嘉定十五年时，浙西提举刘里又发明了一种新方法，就是在海塘之内，加筑一道土塘，开凿一条备塘河，以捍卤潮。这种办法对防卤潮和确保农业生产起到了很大的作用。现在的海塘之内，有一条内河（备塘河），河内又有一道土塘，这就是防卤潮用的，通称土备塘。

明清时期是我国海塘工程的大发展时期。这个时期在海塘工程上所投入的人力、物力之多，技术上的进步，都超过了其他任何历史时期。据史籍记载，从明洪武三年起，至清乾隆四十五年止（1370—1780），先后大规模修筑海塘28次。仅明永乐十三年（1415）一次修

筑海塘，就动用民工10余万，历时3年，费财千万。同时，明、清时期还制订了维护海塘的管理制度。每年额定维修海塘的塘夫数目和修塘费用，并且将塘段编立字号，设置塘长，使事有专责。由于明、清对海塘工程的重视，有力地促进了塘工技术的发展。宣德年间（1426—1435），巡抚侍郎周忱，募郡民700人，部分更筑海塘，采用“筑土实其里”的新方法，把内外的石块和中间的填土连成整体，使海塘显得坚固厚实。稍后，人们为了减轻海潮对海塘的冲击力，又改旧塘为坡陀形，垒石如阶梯状，斜向海底，并在海塘外筑“护沙栏”和“挑水盘头”，以杀潮势。同时，人们还把每块石缝的交接处凿成槽筒，嵌合严实，使其相互牵制，难于动摇，并用油灰的糯米抿灌，铁襻嵌扣，以免渗漏散裂。这样一来，海塘自然就更加坚实牢靠，并为今日的海塘奠定了基础。

海塘工程自汉至清，由局部连成一线，从土塘演变为石塘，经历了漫长的岁月，充分体现出我国历代劳动人民征服自然的伟大气魄与创造才能。

三、文明史上的奇迹
——中国古代的运河工程

运河，顾名思义，就是为了运输而开凿的人工河流，或者是疏浚自然河流使其达到通航的要求的河流。在我国，人工运河的开凿不仅有着悠久的历史，而且，其线路之长、分布地区之广，在世界历史上都是仅有的。这是数千年来我国广大劳动人民和无数能工巧匠发挥自己的聪明才智所创造的奇迹。

邗沟

春秋时期，在诸侯争霸的战争中，水军是一支重要的军事力量，特别是位于江淮流域的楚、吴、越等国，不断开辟运河，进行水战。在吴王夫差打败楚、越两国后，为了北上与齐晋争霸，公元前486年他果断地下令开凿沟通长江和淮水的邗沟运河，以便强大的吴国水军满载辎重粮草，快捷地北上中原。

邗沟，即韩江，又名渠水、邗溟沟、中渎水。它的南段从江苏江都引长江水，中间穿过射阳湖水段把射阳湖的水直接同淮水接通。在古代，这一带湖很多，其中以射阳湖为最大，直到北宋时期，它的湖周还有150余千米。邗沟运河巧妙地利用了这里湖泊河流相互邻近的自然地势，用人工渠道把它们串通。邗沟最初是北过高邮，折向东北进射阳湖，然后出射阳湖转向西北，绕个大弯子。当时采用这种设计方案，主要是为了减少运河的开挖长度，尽量利用天然湖泊。这个“Ω”形的弯道，至东汉时才向西改道。

邗沟建成后，吴国水军就可以从长江经过邗沟进入

淮水，再沿着淮河的支流泗水、沂水到达齐国国境。公元前484年，吴王夫差凭借着打败邻国越王勾践的盛威，率领庞大的水军舰队，耀武扬威、浩浩荡荡地溯水北上，从长江进邗沟，穿过淮水，沿着淮河的支流泗水、沂水直捣齐国国境，一举打败了霸主齐国，震撼中原，令诸侯于黄池（今河南封丘）。人工运河第一次在战争中发挥了重要的作用。

邗沟的开凿最初主要是为了军运，大约到了东汉以后，其经济价值才逐渐显著。因此后代对这条运河不断加以维修，并且至今仍然发挥着沟通江淮水运的重要作用。

鸿沟

战国时期，齐、楚、燕、韩、赵、魏、秦七雄争霸，逐鹿中原，战火连天，烽烟滚滚。当时，野心勃勃的魏惠王利用李悝变法后带来的富国强兵，抢夺中原霸主。为了占据有利的战略地位，魏惠王九年（前361），他把国都迁到中原腹内的大梁（今河南开封），次年又开挖了以开封为中心的人工运河鸿沟。鸿沟北接黄河，

南通淮水北面支流，把黄河和淮水串通一气，开通了大梁与外地的交通。

鸿沟开凿前，虽有济水在黄河南面流过，但当时济水和黄河相通，并不和淮河各支流相接。黄、淮间没有直接的水运往来。以前，邗沟运河虽然沟通了长江和淮河的联系，但南来北往的船队进入了淮水，却仍然无法直通黄河。鸿沟运河的凿成，形成了一个以开封为中心的运河河网。它的北面，直接把黄河水引进圃田泽，然后又从圃田泽开大沟东通大梁。魏惠王三十一年（前339），人们又把大梁的水转引东南，同淮河北面的支流丹水、睢水等串通，至今安徽沈丘县的东面入颍水，将黄河和淮河支流丹水、睢水、涉、沙颍等水串通一气。这样，南来北往的商船、战舰可以过长江，跨淮水，直达黄河中原地区。

鸿沟的通航，促进了魏国的繁荣、强大，使沿河的定陶（今山东蓬泽县南）、开封和淮阳（今河南淮阳县）、寿春（今安徽寿县）、睢阳（今河南商丘）、彭城（今江苏徐州）等迅速成为当时第一流的都市。魏惠

王因此更加自负，敢于带头藐视周天子，于惠王二十六年（前344）自称天子，大摆天子的派头。

邗沟和鸿沟是我国古代最早人工开凿的一批运河中最重要的两段。它沟通了黄河、淮水与长江水系，开通了我国江南和中原地区的交通。尽管当时这两段运河还是初创，距离也不长，多系天然河流湖泊串联而成，但为后来开通隋唐运河和南北大运河奠定了初步的基础。

隋代运河

运河自春秋以来历代都有修整，然而首次贯通海、黄、淮、江、浙五大水系的南北大运河，却是隋炀帝时开通的。

隋代是我国历史上第二次大统一的重要时期。581年，杨坚废弃北周，建立隋朝，并于开皇八年（588）12月，挥师50万，水陆并进，直指南陈。589年2月，他一举攻下建康（今南京），统一了全国。

隋建都长安之初，曾长期繁荣的汉代古都已一片荒凉，就是富饶的关中也难以满足军民的需要，大量的粮食货物主要靠隋开凿的大运河由关东特别是江南运进。

隋代修凿的大运河，以河南洛阳为中心，成“人”字形，南达杭州，北通涿郡（今北京市），总长2500千米，首尾相接，流经河北、河南、安徽、江苏和浙江五省，沟通长江、淮河、黄河、钱塘江和海河五大水系。加上陕西的广通渠以洛阳为中心，西通关中盆地，北抵河北平原，南达太湖、钱塘江流域，形成全国的运河网。

2500千米长的隋代大运河，是在前代旧道的基础上，穿针引线形成一气的。

隋初，把关东和江南的粮食货物运进隋都所在地关中是极困难的事情。长安（今西安市）到黄河边的潼关虽有数百里的渭水相通，但渭水既浅又多沙，行舟艰阻。隋文帝杨坚为了改善这段漕运，于开皇四年（584）下令宇文恺开凿广通渠。

广通渠的渠道在渭水的南边，是在汉代漕渠的基础上重凿的，从黄河边的潼关到首都长安，全长1500余千米。

广通渠的通航，固然打通了潼关到长安的航线，

但扬州的铜器，会稽的吴绫绛纱，两广的珍珠、象牙，江西的瓷器……还是不能过长江，跨淮水，进黄河。为此，隋炀帝杨广又于大业元年（605），强迫河南、安徽百万劳动人民开通济渠。

通济渠西自洛阳开始，南抵淮水，把黄河、汴水和淮水三条河系沟通了。它是隋代开凿的大运河中最重要的一段，河宽40步，两岸修有宽阔御道，道旁柳树成荫，车马行人络绎不绝。这条御道分两段凿成，由今河南洛阳西郊的隋炀帝宫殿“西宛”开始，经偃师县至巩县的洛口入黄河的一段，大概是循着东汉张纯所开的阳渠故道凿的。另一段由河南的板渚（今河南荥阳县汜水镇），循荥阳和开封至杞县西之间的汴水，经商丘、永城、宿县、泗县至盱眙入淮水。这段运河虽利用了一段旧汴水，但有所改造。东汉的汴渠在徐州以下流入泗水，当时泗水河道弯曲，又有徐州和吕梁洪的险要，通航很不安全。通济渠撇开了徐州以下的泗水河道，径直入淮，不仅路近很多，而且还可利用充足的蕲水水源。

与此同时，杨广还强令淮南十余万民工扩建了由

隋文帝杨坚所开的从山阳（今江苏淮安）到江都（今扬州）的山阳渎运河。经这次扩建，山阳渎运河更宽阔、径直。

大业六年（610），杨广又在三国东吴已有运道的基础上加工开凿江南运河，自镇江起，绕太湖的东面，经苏州到杭州，把长江与钱塘江接通。此段运河长数百里，宽30余米，可通龙舟。

为了巩固对北方的统一，杨广把涿县作为军事重镇派重兵把守，并于大业四年（608）征集河北诸郡县的民工百万开永济渠通北京。永济渠的前身是白沟及清河。渠分二段筑成：一段“引沁水南达于河”。沁水是黄河的支流，在河南武陟县入黄河，永济渠凿通沁水的上游，使它分流入运河，东北与清、淇两水相连，再入白沟。这样，河南的来船由黄河沁口溯沁水而上，经永济渠进入河北。另一段“北通涿郡”，是天津以北的一段，利用一段沽水（白河）和一段桑乾水（永定河）进入北京市东郊的通州。

永济渠全程1000多千米，是隋唐两代支援北方人力

物力的运输大动脉。

隋代大运河的凿成，不仅把江南的扬州、杭州和北京连成一气，而且更重要的是把冀北、江南和京城所在地关中连在一起，形成了全国运河网。这对巩固我国的统一，促进南北的物质和文化交流，开发南方，都起了极其重要的历史作用。据《通典》记载：“自是天下利于传输”，“运漕商旅，往来不绝”。运河两岸的城市迅速繁荣起来，镇江、扬州和开封等地很快成为当时著名的商业都会。江南的丝绸、铜器、海产，四川的布匹，两湖的稻米、杂货，两广的金银、犀角、象牙等等，源源不断输往西北和华北。隋炀帝杨广也顺水泛舟南下，到江南搜刮民财，寻花问柳。

大运河的兴建，千百万劳动人民付出了巨大的代价。修河的民工，男的不够用就抓女的，数万名监工日日夜夜用“枷项笞脊”强迫民工劳动。通济渠修到徐州，就“死尸盈野”，逃亡过半。许多人家卖儿卖女，家破人亡。一些州县的农民被迫提前交纳几年的租税，有的被逼得吃树皮草根，乃至出现人吃人的悲惨境况。

劳动人民被逼得走投无路，终于走上反抗的道路。隋炀帝连同他短命的王朝很快被人民起义的烈火所吞没。

京杭大运河

在我们伟大祖国的地图上，有一条湛蓝色的长线，自首都北京开始，从北向南贯穿海河、黄河、淮河、长江、钱塘江五大水系；经过天津、德州、济宁、淮阴、扬州、镇江、无锡、苏州、嘉兴等重要城市，直达杭州。总长度1780多千米。这就是举世闻名的京杭大运河。

1267年，元王朝建都在大都（今北京）。自此以后，在我国600多年的封建社会里，除了明朝初年的一个短期间之外，都城所在地再也没有变动。

国都建在北方，政治中心也自然移向北方。而当时南方的江浙、湖广等地已经成为远远超过北方的重要经济区域。《元史·食货志》记载：“百司庶府之繁，卫士编民之众，无不仰给于江南。”因此，把远隔数千里的北方政治中心和南方经济中心联系起来，就成为元、

明、清各封建王朝维持统治的头等大事了。

元建大都后，南粮北调有两条运输路线。一条是海运，一条是内地水陆联运。正如《元史·食货志》所载：海运路途遥远，且“风涛不测，粮船漂溺者无岁无之”，很不安全。而内地联运也很费周折：因为，从黄河以南的旧运道进入黄河之后，要逆水而上到中滦（今河南封丘），改行90千米陆运至淇门（今河南淇县南），再入御河行水运。到达通州以后，又得转行陆运25千米才到大都。这条运道不但转输烦费，而且走了一个弓字形，加上当时旧运道年年失修，运输大受影响。这样，彻底改善运输条件，便成为关系到元王朝存亡的迫切问题了。经过郭守敬等水利专家的调查和研究之后，元王朝正式决定开凿京杭大运河。

京杭大运河全程各河段大体有三种不同情况：第一种是元代开凿的新运道，即自任城（今山东济宁市）至安山（今山东梁山北）的济州河、安山至临清的会通河、通州至大都的通惠河三段；第二种是利用天然水道通运，属此情况的有淮安至徐州段的黄河水道（黄河夺

泗的河段）、徐州至任城的泗水水道以及直沽至通州的潞水水道；第三种是利用宋以前的原有运河，其中包括临清至直沽的御河等河段、扬州至淮安的淮扬运河以及自杭州至镇江的江南运河。

江南运河、淮扬运河和御河等河段在元统一后虽然还基本上保持原状，但是在宋末元初的战争年代里，普遍受到了一些损坏，且河床淤塞。元统一之后，对这些水道都曾不同程度地进行过一些治理。

京杭大运河元代主要是完成了济州河、会通河和通惠河三段。就其距离来说，会通河及通惠河两段只不过约占大运河全长的1/10，但是工程却十分艰巨，工程量亦很大，技术也较复杂。对京杭大运河的会通河和通惠河两段的勘测、设计和施工，元代伟大科学家郭守敬曾付出了辛勤的劳动，作出了巨大的贡献。中统三年（1262），郭守敬详细勘测了京畿附近的一系列水道和地形，并对改造北方的水上运道提出了一系列的建议。至元十二年（1275）丞相伯颜南征时，命郭守敬进行了一次大规模的考察。郭守敬当时就对会通河附近的地形

和水系作了周密的调查研究，并将调查和测量的结果绘制成图。郭守敬的卓越才能和他的实地勘测成果，对促进日后朝廷下决心打通汶、泗与御河的水上交通线起了重要作用。

会通河于至元二十六年（1289）施工，长120余千米，役工250余万，半年后便打通了。从此，自杭州起航的船只，可以直达通州。到至元二十九年（1292），由郭守敬主持，开凿通州至北京一段，叫通惠河。开工之日，丞相以下的朝臣都到工地亲操畚锸动土：长130余千米的惠通河用了285万民工，一年半的时间凿完。建有复式船闸10处，闸门20座。从此，南来船只可以直达北京。京杭大运河全线通航的时候，南方船只纷纷开入北京的积水潭，一时间舳舻蔽水，风帆盖天，居民奔走相告，争相观看这一历史奇迹。

京杭大运河全线凿通以后，南来北往的船只是否就可以一帆风顺了呢？事情并不是这样简单。因为，1780多千米长的南北运道，要穿过黄河、淮河、长江等大河，要走过高低不平的复杂地段；缺水的段落要找水补

给，多水的地方要排除洪水；要克服许许多多的困难，要处理许许多多的矛盾。大运河两岸的劳动人民以及历代有作为的水利专家，都为保证运河通航付出了辛勤的劳动，作出了贡献。他们把我国的运河工程技术不断推向前进，使我国的航运技术在一段历史时期遥遥领先。

现在，就让我们漫步古运河，上溯几百年，看看当时劳动人民和水利专家是怎样处理各种复杂问题的。

当我们越过黄河，向北上行进入沛县以后，便可以看到一座一座的石闸，其中，凡是地形变化较大和主要城镇所在之处，都是二座或三座闸门联合运河运用的复闸。如临清、济宁两处是三闸组合的复式闸，荆门、阿城、七级、沽头等闸则是两座闸门的复式闸。这些石闸，一般净长约30米，宽25米，闸孔净长约10米，净宽7米，高3米，有“燕翼”各10米，规模宏大，建筑讲究，反映出我国古代船闸很高的设计和建筑水平。

虽然船闸高大，但大船通过船闸时搁浅是常见的事。为了限制超载的大船通过，以防搁浅，朝廷于延佑二年（1315）在沛县的金沟、沽头二闸附近建立了宽仅3

米的“隘闸”，把运河干道上的大闸锁起来，只准在隘闸通舟，限制通航船只宽不得超过3米。但是，那些贪利的富商大贾和权贵看到隘闸只限制船只的宽度，却不限制船只的长度，于是，又制造出一种长25—30米，甚至像龙舟一样的货船。这种长船，入闸后往往无法回转，不是卡着，就是搁浅。于是运道又常被阻塞。人们又在隘闸上下端各立两对石则，石则每对相距33米，并派足够的士兵把守。若船身长超过石则，不准过闸，强令退回；强行进闸者，捉拿问罪。这样才保证了运河不致人为地增加阻滞。运道高低不平的地段，就全靠这些闸门上下开闭，调平水位，使船只像走阶梯一样逐级过坡。会通河凿成以后，先后经过50多年不断的修理，改建、增建各类石闸，才建立了必要的通航条件。像这样的石闸，从沛县到临清，即后来所称的会通河段，就有31座（不连隘闸），所以，当时有“闸河”的称呼。

走完了会通河，在临清进入御河，风帆畅顺，不几日便到达通州。从通州向西北遥望，一条笔直的渠线直指前方，那就是通惠河。它的尽头就是大都。通州到大

都行程只有80多千米，可是，因地势不平，还得像走会通河一样，通过一重又一重的闸门。并且，这里的闸门管理甚严，每次开闭，都要等到大批船只集中之后，才一次放行。守闸的兵卒还不时地吆喝着舟船加快速度，急切等待最后一只船入闸，然后立即关闭下闸。为什么守闸的兵卒这样紧张催行呢？原来，通惠河的水源全靠引大都西北昌平的白浮泉以及西山中各路泉水接济。可以想象，这些泉水引入50多千米的渠道中，是不算丰盛的。所以，守闸兵卒为了节省用水，保证运道通航，真是惜水如金啊。这段运河的20座闸门，最多时曾派1500名兵卒管理和守护。

那么，白浮泉和西山的各路泉水是怎样引入通惠河的呢？原来，郭守敬在开通惠河之前，曾经周密地勘测过这里的水源和地势。在凿渠的同时，人们在大都西北筑起了一道25千米的白浮堰，北起白浮村，南至青龙桥，使各路泉水集中起来穿过大都，由城南流入通惠河，巧妙地解决了通惠河的用水问题。

如果你到了大都之后，浏览一下郊外的风光，会

看到大都东面有一条潞河，流水欢畅，西有芦沟水，水波荡漾。你也许会惊讶：这两条河与大都接近，水源丰富，郭守敬搁着不用，却要引泉水接济，是何道理？原来，郭守敬是个有名的科学家，他做事情是很讲科学的。潞河与芦沟水的水源，他早就注意到了，并且还作了反复的调查研究。他从实际的资料中了解到，潞河与通惠河地形高程差很大，在当时的条件下无法引入。至于芦沟水，虽然引入运道并非困难，但水流浑浊湍急，引入运道，流速骤减，最易淤塞渠道。所以，他宁愿舍近就远，集泉水济运。郭守敬的考虑是否有道理呢？50年之后，元朝丞相脱脱很怀疑，他不相信引芦沟水济运有什么问题。于是，他令人开凿引水沟，把芦沟水引入通惠河。果然，由于水流湍急，泥沙淤塞，船只无法通过。实践证明，郭守敬的处置的确具有远见卓识，不得不令人佩服。

京杭大运河的竣工，开创了沟通南北内河航运的新局面，意义是十分重大的。但是，由于当时生产力水平所限，这1500多千米的长河却经常遭到水源不足和洪水

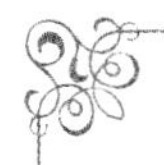

泛滥的威胁。而且，新开凿的会通河本来就开凿得比较狭窄，加上地势高低不平，要用闸门来调节平水，在最高的地方常常苦于航深不足而舟船不能重载。新开凿的通惠河，到了元末则荒废不能使用了。

到了明永乐九年（1411），工部尚书宋礼调集16万军民对会通河进行大规模修治，力图恢复这条漕路。当宋礼正在为水源问题而苦恼的时候，山东汶上县一位老人来找他。这位老人名叫白英，虽然年岁高迈，白发苍苍，但却精神矍铄，红光满面。起先，宋礼对这位老人的冒昧求见还有点不耐烦，准备下逐客令。老人很体谅这位尚书大人此刻正因为没有找到解决水源的好办法而苦恼，所以，也不责备他没有礼贤下士。老人不慌不忙地坐定，喝了一口茶，随即说出了关于会通河引进水源的一席话。宋礼听后，非常高兴，立即把老人奉为上宾，并自责刚才的失礼，希望老人多多见谅。白英老人见这位尚书果然真心实意地想修复运道，于是滔滔不绝地指出元代会通河水源调度不当的缺点，详细诉说他引汶济运的计划。宋礼喜出望外，并恳请白英老人能够留

下，共商复漕大计。

根据白英的计策，在前朝引汶水入洸水到济宁分流南北的技术措施的基础上，改为使汶河的全部经河流到南旺，从南旺高地分南北注入运河。南北置闸38座，控制汶水北分6/10，南分4/10。工程建成之后，果然漕路大畅，“八百斛之舟汛流无滞”，从此，江南的漕船又可以从运河直达通州了。白英这位劳动人民出身的水利专家，也因为这次治河成功而留名史册。

在明代，除了大治会通河之外，还在运河以东开凿了一系列减水河，如四女寺减河、哨马营减河、捷地减河等，还兴建了闸坝。这些减水设施，对于分泄洪水、保证运河安全都起到一定的作用。

京杭大运河的建成，是我国历代劳动人民辛勤劳动的伟大成果。但是，在封建社会里，运河两岸的劳动人民并没有享受到大运河通航的欢乐和好处，反而岁岁饱受维修运河的劳役之苦。特别是运河两岸拉纤撑船的漕夫船工，呻吟叫号在1780多千米长的运河上。有的漕夫为牵挽官船，耗尽体力，倒毙路上。这种悲惨的境况，

甚至连官修的《明史》也不得不承认。直到新中国成立前，临清一带还流传着这样一首歌谣：“运河水，长又长，千船万船装皇粮，皇粮装满仓，漕夫饿断肠。”

在明清两代实行的“消极保漕”的方针，更给运河两岸劳动人民带来数不清的痛苦。封建统治者为了保住漕运，在天旱时禁止供给灌溉用水，在洪水时又恣意分洪减水，使运道两岸民田顿成大泽。为了避开黄河河患，封建统治者还不惜耗费大量资财，劳役大量民夫，一再变更漕渠路线，甚至把黄河水患引向远离漕渠的地方，使那里的老百姓遭殃。大运河的历史，是历代劳动人民用血和泪写成的。

四、久负盛誉的水利技术
——中国古代水利机具的发明

我国古代发明了许多水利排灌机具和利用水能进行加工的水利机械。这些水利机具、机械的发明和推广使用，对生产力的发展起到了有力的促进作用。各种水利机具的发明，标志着古代水能资源的认识水平，并为现代水力机械的产生奠定了基础。有些古代水利机具形式，如水磨、水碓等，直到今天还在使用。

从抱瓮汲水到桔槔灌田

远古时代，人们对水旱灾害只能仰求于天。传说商汤碰上旱灾，曾亲自去华阴山驱逐“旱魃”。当时对待旱灾，用迷信的办法，集中一群手持棍棒的奴隶，命他们去田间大喊大叫，说是示威赶“旱魃”，随即选定一个不服从他们摆布的奴隶，活活打死，叫做打死“旱魃鬼”。也有去向“旱魃”求饶的。然而，赶、打、求还是不能解决干旱的问题，于是就有人抱瓮从井中汲水上来，这才保住了一部分禾苗。后来碰到天旱不雨，就有更多的人抱瓮去井边汲水了。抱瓮汲水很费力。到了春秋战国时，桔槔就出现了。《庄子外篇·天地篇》中，就曾写过这样一段故事：

孔子的学生子贡到楚国（今湖北省湖南省）去讲学，回晋（今山西省）路过汉阴，看见一个老头正在浇菜园。只见他抱着一个大瓦罐子蹒跚地走到井边去，把罐子放进井内去舀水上来，一罐罐地抱着往地里浇，非常费劲，而且舀的水很少。子贡就问道：“不是已经有桔槔了吗？用它汲水一天可以浇得很多田，既省力，汲的水又多，您老人家怎么不用呢？”老头子转过身来看

看子贡，问是怎么回事。子贡就告诉他：用根长木，中间绑在架子上，让长木后面挂个重物，前面轻，吊上大木桶。这样放进井内去灌满水，后面一头重的松开下沉时，轻易地就把水桶吊上来了。这种提水的架子，就叫桔槔。

从这段故事可以看出，春秋战国时，桔槔就在黄河流域使用了。

直到新中国成立后，北方一些偏僻农村，尚能看到井旁用“挑挑子”的汲水架汲水。这种“挑挑子”，就是从桔槔演变而成的。后来，“挑挑子”汲水进一步改进而成为辘轳提水。

从抱瓮这种原始灌溉，到用简单的机械——桔槔，经历了漫长的实践过程。从桔槔再向水车发展，中间还有一段曲折的过程。

马钧改进毕岚的翻车

东汉末年，有个负责管理京师街道清洁的小官叫毕岚。他为了减少扫街时尘土飞扬，试造了一种翻车——渴乌，放在城外桥西边，用以汲水洒南北郊路，节省了百姓洒道之费（当时扫街洒水是由百姓出钱雇人的）。

这种翻车由机械和曲筒两部分组成，用很多节水筒连起来引水。毕岚试造的这种翻车——渴乌是个了不起的创造。

三国时（227－229），马钧把毕岚的翻车作了改进。他家也住在京师，有地可作菜园，因没法灌溉，故将原翻车改进，连成一圈，令童子转动，灌水自覆。他们二人的创造和改进，为后来的水车从原理到形状上，都打下了基础。

唐代中期后，政治、经济、文化中心由北逐渐南移，促进了长江流域各地农业的发展，尤其是种植水稻的技术有了很大的改进和提高。扬水灌溉的机械日新月异，由原来的间歇性改为连续性，即水车逐渐变成后来的龙骨水车了。北宋时，苏轼曾于无锡途中赋诗描述水车，诗云："翻翻联联唧尾鸦，荦荦确确蜕骨驰。分畦翠浪走云阵，刺水绿缄抽稻芽……天公不见老翁泣，唤取阿香推雷车。"这说明当时随着水车的普及，农民已经不再单纯靠天下雨灌溉了。

苏轼赋中所描述的水车和后来江汉平原等地所用之二人梁、三人梁脚踏水车，结构和操作方面都没有什么

大的差别。

唐宋以后，唧筒式水车在动力上，由人力到畜力再到水力，不断进步。元明以后龙骨车也有了新的发展，水转筒车和水转翻车相继产生，接着沿海一带还有利用风力的水车。这些改进和发展都与唐宋以来我国机械技术的发展有密切的关系。清代以后就很少变化。

今天，水车扬水，已经逐渐被抽水机代替，许多地区已经基本上实现了排灌机械化、电气化了。比起过去的水车来，其效率之高，何止百倍。但是水车在我国机械史和农业发展史上，却立下了不可磨灭的功绩。

水力机械

水能的开发和利用，是水利发展史上一个极为重要的方面。在古代，水能的开发和利用走过了一段漫长的路程。

我们知道，我国古代几千年来一直是用碓、碾、磨这几种石制机械加工粮食的。碓、碾、磨开始都是以人力和畜力作动力，后来才渐渐地以水冲力作动力。以水冲力作动力的，称水碓、水碾、水磨。它们的产生，体现了劳动人民的集体智慧。

水碓是一种去掉谷、麦皮壳的水力机械。水碓起于何时，无准确记载。《物原》说：“后稷作水碓，利于踏碓百倍。”这个记载不一定可靠。但桓谭《新论》谈到碓的发展时说道：“伏羲之制杵臼，万民以济。及后人加巧，因延力借身重以踏碓，而利十倍杵舂。又复设机关，用驴、骡、牛、马及役水而舂，其利乃百倍。”桓谭为西汉末东汉初人。可见，水碓发明至少已经有两千多年的历史了。

东汉初期，水碓使用地区似乎还只限于中原地带和京师附近。到东汉末年，才传到西北地区。范文澜《中国通史简编》第三章记载，“东汉献帝末年，雍州刺史张既，督促陇西天水南安富人造水碓，用水力激木轮舂米”，说明当时水碓正在此地区推广。

水磨是一种将米、麦等颗粒粮食碾压成粉末的水力机械。在南北朝时期，水磨已开始使用，就连皇帝宫宛内，也修建了这个水力设施。据《南史·祖冲之传》记载，祖冲之“于乐游苑造水碓、磨，武帝亲临监视”。据《魏书·崔亮传》记载，崔亮受杜预造水磨的启示，也建造了不少水磨，获得了很好的效果。《农政全书》转

引《农书》的记载，叙述了水磨的结构、工作原理及其种类。

根据记载可知，古代水磨的基本结构为：①主动水轮；②传动大轴；③石磨；④引水槽。主动水轮与石磨均固定在同一根传动大轴上，构成一水磨机组。整个机组又固定在牢实的支承架上。当引水槽引水冲动主动水轮转动时，石磨则随之转动。古代水磨又分为单磨、双磨、多磨（连磨）以及活动磨数种。双磨合多磨与单磨的差别，一是多一套齿轮转动机构，二是主动水轮为卧放（即横轴），这样可以兼有带动水碓等多种功能，三是轮轴的尺寸较大，以传递较大的转矩。活动磨则是以船为支承架，可将船移动到适当的位置。

水碾是古代用来把谷物类轧碎以去皮壳的工具。水磨靠上下磨盘及其齿槽的挤压使粮食变成粉末。水碓靠碓头的冲击力量使粮食被捣碎。而水碾是靠重物（碾石）将粮食去皮或碾碎。三者各有各的用场。

中国的水碾在晋朝已开始普及推广。水碾与水磨的工作原理均相同，只是上部结构各异。水碾无上下磨盘，而只有碾盘和涡（即碾石）。在使用过程中，人们

又将碾、砻、磨合为一轴，称为“水碾三事”。即以同一个主动水轮，通过在其传动轴端分别配置磨盘、碾盘或砻盘，即可达到一机三用的目的。“砻”也是一种轧米的水力机具，可以将谷壳破碎，以便去皮。

古代还有一种利用水力来筛面、筛米的机具，称为“水打罗”或“水击面罗”，其结构与水排大致相同。它通过一套传动机构，即主动水轮的旋转运动变为筛网的直线往返运动。“罗因水力，互击椿柱，筛面甚速，倍于人力。”魏晋以后，水碾、水磨均有很大发展。据《事物记原》所记载，起先，“杜预造连机碓，藉水转之”。后经逐渐改进，水力大的地方，有用一个水轮带动2—8个石磨的，也有用一个水轮同时带动水碓、水碾和水磨三种加工机械的。

杜诗创水排

古代水力机械除了应用于农产品加工外，还应用于冶金、纺织等生产领域，形成另一类水力工作机械。这些水力工作机械中比较典型的是杜诗所创制的水排。

我国冶铁鼓风，始于西汉所用的鼓风器，最初用革囊，后改为木扇，最后进一步改进为近代所用的风箱。

它所用的原动力由最初只用人力（现在还有用人力鼓风），逐渐发展成用畜力和水力。

据《后汉书·杜诗传》记载，公元31年，杜诗作南阳太守，创作水排，利用水力鼓动排囊（风箱）铸造农器，用力少，见功多，百姓称便。

从《农政全书》记载看，水排基本结构有五部分：主动轮及轮轴、传动轮、受力转换机构、风箱、支架。此外还有适当的导流设施。当水流冲动主动水轮转动时，通过主轴带动上端的传动轮随之转动，然后受力转换机构将传动轮的圆周运动转换为风箱拉杆的往复直线运动。按照这一基本原理，一个主动水轮还可以带动多个鼓风设备工作。

东汉末年，曹操任用南阳人韩暨为监冶官，负责管理冶铸方面的事。韩暨任职前，冶铁全是用人排和马排。用马排造一石熟铁需消耗功率73 500瓦，用人力费功则更多。韩暨学了杜诗的方法，改用水排，比用马排省力三倍。这说明水排效率甚显。

英国著名科学家李约瑟在探索了欧洲、阿拉伯、中国的有关文献后，提出这样一个论断，他说：“蒸汽机

的发明创造和完善，是由于詹姆斯·瓦特吸取和模拟了中国古代的机械水排和风箱的原理与结构而获得的。”

在瓦特之前，牛柯门发明了蒸汽机，19世纪，瓦特作了很大改进，造成了1800年以来蒸汽机的样式。李约瑟说：“瓦特之所以能超过牛柯门，主要是他吸取了中国的工程传统，首先是双作的原理。”这个原理的主要特点，就是机件结构务必保证活塞在每一冲程的前后阶段都能做出有效的功率。欧洲最早提出双活塞抽水筒的是拉哈雅。那是在1716年，可是这时双活塞抽水筒在中国已经使用了两百多年了。因此瓦特在1777年制造了一个双作的鼓风筒之后不久，于1783年，制造了外压式气机。

对往复式蒸汽机的构造形态，李约瑟说：“这是模拟中国古时的另一种用途的机械，而装置上是反其道而行之的。中国很早的水车，不仅用以运转碾、磨谷物的磨盘，而且还用于更复杂的牵动冶铁的风箱。如双作原理一样，运用水力转动机械做功于鼓风炉的熔铁炉，对于中国的冶铁技术具有巨大的功能。”因此，李约瑟提出这样一个结论公式：

水排+风箱：蒸汽机

由此可见，我国的水力机械对推动人类社会生产力的变革和发展曾起过极其重要的作用。

世界五千年科技故事丛书

01. 科学精神光照千秋 ：古希腊科学家的故事
02. 中国领先世界的科技成就
03. 两刃利剑 ：原子能研究的故事
04. 蓝天、碧水、绿地 ：地球环保的故事
05. 遨游太空 ：人类探索太空的故事
06. 现代理论物理大师 ：尼尔斯·玻尔的故事
07. 中国数学史上最光辉的篇章 ：李冶、秦九韶、杨辉、朱世杰的故事
08. 中国近代民族化学工业的拓荒者 ：侯德榜的故事
09. 中国的狄德罗 ：宋应星的故事
10. 真理在烈火中闪光 ：布鲁诺的故事
11. 圆周率计算接力赛 ：祖冲之的故事
12. 宇宙的中心在哪里 ：托勒密与哥白尼的故事
13. 陨落的科学巨星 ：钱三强的故事
14. 魂系中华赤子心 ：钱学森的故事
15. 硝烟弥漫的诗情 ：诺贝尔的故事
16. 现代科学的最高奖赏 ：诺贝尔奖的故事
17. 席卷全球的世纪波 ：计算机研究发展的故事
18. 科学的迷雾 ：外星人与飞碟的故事
19. 中国桥魂 ：茅以升的故事
20. 中国铁路之父 ：詹天佑的故事
21. 智慧之光 ：中国古代四大发明的故事
22. 近代地学及奠基人 ：莱伊尔的故事
23. 中国近代地质学的奠基人 ：翁文灏和丁文江的故事
24. 地质之光 ：李四光的故事
25. 环球航行第一人 ：麦哲伦的故事
26. 洲际航行第一人 ：郑和的故事
27. 魂系祖国好河山 ：徐霞客的故事
28. 鼠疫斗士 ：伍连德的故事
29. 大胆革新的元代医学家 ：朱丹溪的故事
30. 博采众长自成一家 ：叶天士的故事
31. 中国博物学的无冕之王 ：李时珍的故事
32. 华夏神医 ：扁鹊的故事
33. 中华医圣 ：张仲景的故事
34. 圣手能医 ：华佗的故事
35. 原子弹之父 ：罗伯特·奥本海默
36. 奔向极地 ：南北极考察的故事
37. 分子构造的世界 ：高分子发现的故事
38. 点燃化学革命之火 ：氧气发现的故事
39. 窥视宇宙万物的奥秘 ：望远镜、显微镜的故事
40. 征程万里百折不挠 ：玄奘的故事
41. 彗星揭秘第一人 ：哈雷的故事
42. 海陆空的飞跃 ：火车、轮船、汽车、飞机发明的故事
43. 过渡时代的奇人 ：徐寿的故事

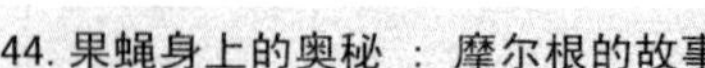

44. 果蝇身上的奥秘 ：摩尔根的故事
45. 诺贝尔奖坛上的华裔科学家 ：杨振宁与李政道的故事
46. 氢弹之父—贝采里乌斯
47. 生命，如夏花之绚烂 ：奥斯特瓦尔德的故事
48. 铃声与狗的进食实验 ：巴甫洛夫的故事
49. 镭的母亲 ：居里夫人的故事
50. 科学史上的惨痛教训 ：瓦维洛夫的故事
51. 门铃又响了 ：无线电发明的故事
52. 现代中国科学事业的拓荒者 ：卢嘉锡的故事
53. 天涯海角一点通 ：电报和电话发明的故事
54. 独领风骚数十年 ：李比希的故事
55. 东西方文化的产儿 ：汤川秀树的故事
56. 大自然的改造者 ：米秋林的故事
57. 东方魔稻 ：袁隆平的故事
58. 中国近代气象学的奠基人 ：竺可桢的故事
59. 在沙漠上结出的果实 ：法布尔的故事
60. 宰相科学家 ：徐光启的故事
61. 疫影擒魔 ：科赫的故事
62. 遗传学之父 ：孟德尔的故事
63. 一贫如洗的科学家 ：拉马克的故事
64. 血液循环的发现者 ：哈维的故事
65. 揭开传染病神秘面纱的人 ：巴斯德的故事
66. 制服怒水泽千秋 ：李冰的故事
67. 星云学说的主人 ：康德和拉普拉斯的故事
68. 星辉月映探苍穹 ：第谷和开普勒的故事
69. 实验科学的奠基人 ：伽利略的故事
70. 世界发明之王 ：爱迪生的故事
71. 生物学革命大师 ：达尔文的故事
72. 禹迹茫茫 ：中国历代治水的故事
73. 数学发展的世纪之桥 ：希尔伯特的故事
74. 他架起代数与几何的桥梁 ：笛卡尔的故事
75. 梦溪园中的科学老人 ：沈括的故事
76. 窥天地之奥 ：张衡的故事
77. 控制论之父 ：诺伯特·维纳的故事
78. 开风气之先的科学大师 ：莱布尼茨的故事
79. 近代科学的奠基人 ：罗伯特·波义尔的故事
80. 走进化学的迷宫 ：门捷列夫的故事
81. 学究天人 ：郭守敬的故事
82. 攫雷电于九天 ：富兰克林的故事
83. 华罗庚的故事
84. 独得六项世界第一的科学家 ：苏颂的故事
85. 传播中国古代科学文明的使者 ：李约瑟的故事
86. 阿波罗计划 ：人类探索月球的故事
87. 一位身披袈裟的科学家 ：僧一行的故事